宝玉石特色品种
玉石卷

何明跃　王春利　编著

中国科学技术出版社
·北京·

图书在版编目（CIP）数据

宝玉石特色品种 . 玉石卷 / 何明跃，王春利编著
. —北京：中国科学技术出版社，2021.7
ISBN 978-7-5046-9047-0

Ⅰ. ①宝…　Ⅱ. ①何… ②王…　Ⅲ. ①玉石—介绍
Ⅳ. ① TS933

中国版本图书馆 CIP 数据核字 (2021) 第 087679 号

策划编辑	赵　晖　张　楠　赵　佳
责任编辑	赵　佳　高立波
装帧设计	中文天地
责任校对	吕传新
责任印制	李晓霖

出　　　版	中国科学技术出版社
发　　　行	中国科学技术出版社有限公司发行部
地　　　址	北京市海淀区中关村南大街 16 号
邮　　　编	100081
发行电话	010-62173865
传　　　真	010-62173081
网　　　址	http://www.cspbooks.com.cn

开　　　本	889mm×1194mm　1/16
字　　　数	325 千字
印　　　张	17.5
版　　　次	2021 年 7 月第 1 版
印　　　次	2021 年 7 月第 1 次印刷
印　　　刷	北京华联印刷有限公司
书　　　号	ISBN 978-7-5046-9047-0 / TS・98
定　　　价	198.00 元

内容提要
Synopsis

本书对绿松石、青金石、孔雀石、欧泊、蛇纹石玉等25种玉石特色品种进行了全面系统的介绍，重点论述了每种玉石的历史与文化、宝石学特征、质量评价、产地与成因、优化处理、合成与相似品的鉴别以及加工与市场等方面的专业知识和技能。

本书概念清晰，层次分明，语言流畅，通俗易懂，配以丰富精美的产地矿区、玉石原石、镶嵌首饰、玉雕成品等典型照片，图文并茂，实用性强。读者通过对本书的学习，辅以实物观察与市场考察，可以在赏心悦目中系统掌握专业知识及实用技能。

本书既可作为珠宝鉴定、销售、拍卖、评估等相关专业人员的参考书以及高等院校宝石专业、首饰设计专业的配套教材，又可作为宝石爱好者和收藏者的指导用书。

序言
Foreword

在人类文明发展的悠久历史上，珠宝玉石的发现和使用无疑是璀璨耀眼的那一抹彩光。随着人类前进的脚步，一些珍贵的品种不断涌现，这些美好的珠宝玉石首饰，很多作为个性十足的载体，独特、深刻地记录了人类物质文明和精神文明的进程。特别是那些精美的珠宝玉石艺术品，不但释放了自然之美，魅力天成，而且凝聚着人类的智慧之光，是人与自然、智慧与美的结晶。在这些作品面前，岁月失语，唯石、唯金、唯工能言。

如今，我们在习近平新时代中国特色社会主义思想指引下，人民对美好生活的追求就是我们的奋斗目标。而作为拥有强烈的社会责任感和文化使命感的北京菜市口百货股份有限公司（以下简称"菜百股份"），积极与国际国内众多珠宝首饰权威机构和名优企业合作，致力于自主创新，创立了自主珠宝品牌，设计并推出丰富的产品种类，这些产品因其深厚的文化内涵和历史底蕴而引领大众追逐时尚的脚步。菜百股份积极和中国地质大学等高校及科研机构在技术研究和产品创新方面开展合作，实现产学研相结合，不断为品牌注入新的生机与活力，从而将优秀的人类文明传承，将专业的珠宝知识传播，将独特的品牌文化传递。新时代、新机遇、开新局，菜百股份因珠宝广交四海，以服务走遍五湖。面向世界我们信心满怀，面向未来我们充满期待。

通过本丛书的丰富内容和诸多作品的释义，旨在记录我们这个时代独特的艺术文化和社会进程，为中国珠宝玉石文化的传承有序做出应有的贡献。感谢本丛书所有参编人员的倾情付出，因为有你们，这套丛书得以如期出版。

中国是一个古老而伟大的国度，几千年来的历史文化是厚重的，当代的我们将勇于担当，肩负起中华优秀珠宝文化传承和创新的重任。

北京菜市口百货股份有限公司董事长

作者简介
Author profile

　　何明跃，理学博士，教授，博士生导师。中国地质大学（北京）珠宝学院党委书记，原院长。国家珠宝玉石质量检验师，教育部万名全国优秀创新创业导师。主要从事宝石学等教学和科研工作，已培养研究生百余名。曾荣获北京市高等学校优秀青年骨干教师、北京市优秀教师、北京市德育教育先进工作者、北京市建功立业标兵、北京市高等教育教学成果奖一等奖（排名第一）等。现兼任全国珠宝玉石标准化技术委员会副主任委员、全国珠宝玉石质量检验师考试专家委员会副秘书长、中国资产评估协会珠宝首饰艺术品评估专业委员会委员、中国黄金协会科学技术奖评审委员等职务，在我国珠宝行业中很有影响力。

　　主持数十项国家级科研项目，发表五十余篇学术论文和十余部专著，所著《翡翠鉴赏与评价》《钻石》《红宝石　蓝宝石》《祖母绿　海蓝宝石　绿柱石族其他宝石》《翡翠》等在珠宝玉石收藏和珠宝教学等方面有重要的指导作用，其中《翡翠》获自然资源部自然资源优秀科普图书奖，对宝石学领域科学研究、人才培养、公众科学普及提供有效服务。

作者简介
Author profile

　　王春利，研究生学历，现任北京菜市口百货股份有限公司董事、总经理，中共党员，长江商学院 EMBA，高级黄金投资分析师，比利时钻石高层议会钻石分级师，中国珠宝首饰行业协会副会长、中国珠宝首饰行业协会首饰设计专业委员会主任、彩宝专业委员会名誉主席、全国珠宝玉石标准化技术委员会委员、全国首饰标准化技术委员会委员、上海黄金交易所交割委员会委员。

　　创新、拼搏、奉献、永争第一是菜百精神的浓缩，王春利用自己的努力把这种精神进一步诠释，"老老实实做人，踏踏实实做事"，带领菜百股份全体员工，确立了"做每个人的黄金珠宝顾问"的公司使命；以不断创新、勇于改革为目标，树立了"打造集团化运营的黄金珠宝饰品供应和服务商"这一宏伟愿景。

主要参编人员

关强　高嘉依　宁才刚　张紫云　董振邦

刘影影　卢慧　李玉　鲁薇　柳牡丹

吕明星　陈晨　李根　江婉仪　施爽

董浩南　张震　赵丽丽　隋欣浩

前言
Preface

　　"石之美者，玉也。"玉石，美在其温润莹泽、缜密坚韧，是大自然历经亿万年岁月的沉淀，对人类最美好的馈赠。中国自古便是爱玉之国、崇玉之邦，发源于新石器时代早期而绵延至今的"玉文化"是中华民族最具特色的文化符号之一，其历史悠久、内涵丰富、范围广泛、影响深远，在世界文化与人类社会的发展中也具有重要的价值。

　　孔子曰："君子比德于玉"，认为玉有"十一德"，即仁、知、义、礼、乐、忠、信、天、地、德、道，儒家思想赋予玉以更高层次的品质和人文精神，产生了深远影响，也在潜移默化中成为了中华民族的精神标杆和人格向导。此外，玉石还承载着人们对王权与神权的敬畏、对故土的怀念、对祖先的崇拜、对民族的认同，八千多年悠久的采玉、治玉和用玉历史也无不凝聚着中华民族的创造智慧与文化传统。因此，集物质和精神一身的玉石博得古今历代统治者、艺术家和文人雅士的喜爱与推崇。

　　玉石种类繁多且各有千秋，每一种都有着悠久的历史和深厚的文化底蕴。绿松石庄重的蓝色和靓丽的绿色，使人联想到蓝天和充满生机的自然。世界文明古国中的埃及、波斯等都崇尚绿松石，将其用于宗教，作为神力的象征。中国古代神话传说中女娲用绿松石补天，人们把它作为镇妖、避邪的圣物和吉祥如意的象征。在西方传统文化中，绿松石为十二月的生辰石之一，代表着胜利、好运与成功。青金石以独特的靛蓝色打底，如点点金星般的黄铁矿点缀其中，其外观仿若画家在靛蓝色的画布上挥洒了一抹金星，给人以端庄而华丽的美感。青金石象征着胜利与幸运，既受到当代潮流女性的青睐，也是适合男士佩戴的宝石之一。孔雀石颜色酷似艳丽的孔雀羽毛，在中国古代曾被用作炼铜原料、绘画颜料以及中医药物，其质地致密、细腻，奇特的同心环状纹带使其脱颖而出，被制作成各种首饰和雕件，具优美造型者也是难得的观赏石，受到收藏家、爱好者们的狂热追捧。

　　欧泊色彩绚丽，具有特殊的变彩效应，古罗马自然科学家普林尼称："在一块欧泊上面，你可以看到红宝石的烈焰、蓝宝石的深沉、祖母绿的青翠、托帕石的亮黄以及紫水晶的魅紫。"因此，它也被誉为"集宝石之美于一身"的宝石。欧泊作为金秋十月的生辰石之一，象征着希望、喜悦、安乐和健康。蛇纹石玉（岫玉）作为中国四大名玉之一，玉质温润细腻，开发历史久远，雕琢工艺精良，文化内涵深厚，被誉为中华瑰宝，为我国玉文化保留了《玉猪龙》《蜷体玉龙》等许多经典之作……

在特色玉石品种中，还有菱锰矿、蔷薇辉石、海纹石、蓝田玉、独山玉、萤石、天然玻璃、葡萄石、查罗石、苏纪石、方钠石、硅孔雀石、异极矿、菱锌矿、红宝石与黝帘石、符山石、云母质玉、绿泥石质玉、大理石、赤铁矿这20个品种。它们独具特色，各领风骚，在百花齐放的珠宝玉石市场上各占一席之地，为众多宝玉石爱好者提供了收藏的广度和深度，推动了宝玉石行业的繁荣发展，也为科普教育事业提供了丰富且优质的实物资料。美丽的玉石，承载着人们的精神寄托，更是肩负着历史文化传承的重任，随着新时代的迈进，玉文化也在不断的创新与发展中被赋予新的内涵。

本书是在我国珠宝玉石市场蓬勃发展的形势下，为满足广大从业人员及爱好者对部分特色玉石实用知识和鉴别技能的需要编写出版的。在撰写过程中，作者多次考察宝玉石产地和市场，并对国内外的各大珠宝展进行实地调研，掌握了这些玉石从开采、设计、加工到销售的系统过程和一手资料。在调研的基础上，与众多同行专家、研究机构、商家进行了深入的交流和探讨，系统查阅了发表和出版的有关论文及专著等研究成果。同时，还全面收集整理了北京菜市口百货股份有限公司（以下简称"菜百股份"）多年珍藏品的实物、图片和资料，归纳总结了珠宝业务与营销人员的实际鉴定、质量分级、挑选和销售的知识与经验。菜百股份董事长赵志良勇于开拓、锐意进取，长期积极倡导与高校及科研机构在技术研究和产品开发方面的合作。菜百股份总经理王春利亲自带领员工到国内外宝玉石产地、加工镶嵌制作和批发销售的国家和地区进行调研，使菜百股份在技术开发和人才培养方面取得了很大进展。

本书对宝玉石特色品种中25种特色玉石的历史文化和专业知识进行了系统、精准的论述。重点论述了每种玉石的历史与文化、宝石学特征、主要品种、质量评价、产地与成因、优化处理、合成与相似品的鉴别以及加工与市场等方面的专业知识和技能。反映了校企在宝玉石领域的合作研究中取得的丰硕成果，这些内容将对珠宝玉石行业从业人员和收藏爱好者有很大的指导作用。

本书由何明跃、王春利负责撰写，其他参与人员有关强、高嘉依、宁才刚、张紫云、董振邦、刘影影、卢慧、李玉、鲁薇、柳牡丹、吕明星、陈晨、李根、江婉仪、施爽、董浩南、张震、赵丽丽、隋欣浩等。在本书的前期研究以及撰写过程中，我们得到了国内外学者、机构、学校和企业的鼎力支持，国家科技资源共享服务平台（国家平台）"国家岩矿化石标本资源共享平台"（http://www.nimrf.net.cn）提供了大量丰富的图片和资料，国际有色宝石协会（ICA）、奥米·普莱奥（Omi Privé，omiprive.com）等为本书提供了典型特色的原石、首饰和玉雕作品图片，在此深表衷心的感谢。

目 录
Contents

第一章
Chapter 1
绿松石

　　绿松石，拥有庄重的蓝色和亮丽的绿色，代表了令人敬畏的蓝天和充满生机的自然。埃及、波斯等文明古国都崇尚绿松石，并将其与宗教联系在一起，作为神力的象征。在中国，绿松石同样具有悠久的历史和深厚的文化底蕴，传说女娲用绿松石补天，人们将其作为吉祥如意的象征。在西方传统文化中，绿松石为十二月的生辰石之一，代表着胜利、好运与成功。

第一节

绿松石的历史与文化

一、绿松石的名称由来

绿松石又称松石，章鸿钊在《石雅》中指出："形似松球，色近松绿，故以为名。"绿松石的英文名称为 Turquoise，在国外被称作"土耳其玉"。然而，土耳其并不出产绿松石，只是由于古代文明古国中的波斯出产的绿松石经土耳其运往欧洲，人们误以为绿松石来自土耳其，才因此得名。

二、绿松石的历史与文化

绿松石在国外的使用历史悠久，它是被埋葬在古墓中的最古老的珠宝之一，也是一种常用于仪式和制作工艺品的宝石之一（图 1-1）。古埃及的统治者常佩戴绿松石，或用绿松石雕成的神像来护卫藏宝库；美国西南部的印第安人部落将绿松石用作佩饰、护身符及交易的货币（图 1-2）；阿帕奇人认为镶嵌有绿松石的弓或枪械可以提高猎人或战士射击的准确性；土耳其人认为绿松石念珠可以挡住恶魔的眼睛；阿兹特克人认为绿松石象征祭司的火，他

图 1-1　古典时代玛雅艺术奇琴伊察（Chichen Itza）圆盘镶嵌有大量绿松石（900—1250 年）

（图片来源：Jebulon，Wikimedia Commons，CCO 许可协议）

们的守护神修堤库特里（Xiuhtecuhtli）
的面具上镶满了绿松石（图1-3）。

我国使用绿松石的历史也非常悠久，
早在新石器时代，人们就将绿松石和玛瑙
等玉石作为饰品。最古老的绿松石饰品来
自河南省郑州市大河村仰韶文化，距今已有
6500～4400年。根据考古资料，在新石器时代
的史前玉器中，绿松石多呈珠、管、坠、小圆环
等形状。河南偃师二里头遗址是出土绿松石玉器
最多的地方，如绿松石兽面纹牌饰（图1-4）和
绿松石龙形器等。

图1-2　普韦布洛人祖先使用的绿松石吊坠
（1000—1040年）

（图片来源：US NPS, Wikimedia Commons, Public Domain）

图1-3　修堤库特里镶有绿松石马赛克的面具
（1400—1521年）

（图片来源：Hans Hillewaert, en. wikipedia. org, CC
BY-SA 4.0许可协议）

图1-4　二里头遗址出土的铜嵌绿松石兽面纹牌饰
（前1900—前1350年）

（图片来源：Daderot, Wikimedia Commons,
CC0许可协议）

图1-5 金嵌绿松石及其他宝石香炉（清代）
（图片来源：摄于故宫博物院）

"绿松石"这一名称最早见于清代，之前被称为"甸子"。据《清会典图考》中记载："皇帝朝珠杂饰，惟天坛用青金石，地坛用蜜珀，日坛用珊瑚，月坛用绿松石。"

绿松石因其"色相如天"而深受宫廷喜爱，中国工匠对绿松石进行雕刻，用作宗教礼器和皇家御用之物（图1-5～图1-8）。人们认为绿松石可以带来好运。藏族人民将作为佛教七宝之一的绿松石视为"神之化身"，代表着权力与地位。据史料记载，唐代文成公主入藏时曾带入大量的绿松石，用以装饰拉萨著名的大昭寺觉康佛像。时至今日，在藏族服饰文化和藏传佛教中，绿松石仍然是其最重要的玉石之一。

图1-6 金嵌绿松石佛瓶
（清代）
（图片来源：摄于故宫博物院）

图1-7 金嵌珊瑚绿松石斋戒牌
（清代）
（图片来源：摄于故宫博物院）

图1-8 金嵌绿松石斋戒牌
（清代）
（图片来源：摄于故宫博物院）

第二节
绿松石的宝石学特征

一、绿松石的基本性质

（一）矿物组成

绿松石的主要组成矿物为绿松石，可含有埃洛石、高岭石、石英、云母、褐铁矿、磷铝石等矿物及碳质混入物，这些次生矿物的含量也直接影响着绿松石的品质。

（二）化学成分

绿松石为一种含水的铜铝磷酸盐，化学式为 $CuAl_6(PO_4)_4(OH)_8 \cdot 5H_2O$，含铁（Fe）、锌（Zn）等杂质元素。

（三）晶系及结晶习性

绿松石属低级晶族，三斜晶系。绿松石单晶体多呈短柱状，但自然界中多以集合体形式产出。

（四）结构构造

绿松石常为隐晶质结构，呈致密块状、结核状（图1-9）、皮壳状、葡萄状等构造。

图1-9　结核状绿松石原石

（五）晶体结构

绿松石晶体结构中，包含了由 O^{2-}、$(OH)^-$ 和 H_2O 配位的 Al^{3+} 的单配位八面体和双配位八面体，其中单、双配位八面体的数量比为 2∶1，由 $[PO_4]$ 四面体与这两类八面体彼此以角顶相连形成架状结构。Cu^{2+} 分布在大空腔的对称心位置上，为 4 个 $(OH)^-$ 和 2 个 H_2O 所围绕（图 1-10）。

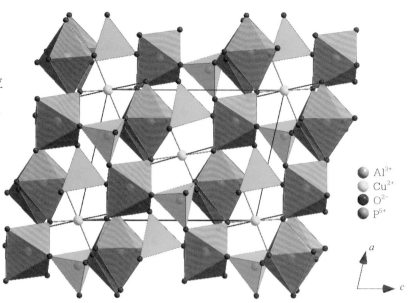

- Al^{3+}
- Cu^{2+}
- O^{2-}
- P^{5+}

图 1-10　绿松石的晶体结构示意图
（图片来源：秦善提供）

二、绿松石的物理性质

（一）光学性质

1. 颜色

绿松石常见的颜色为浅至中等蓝色、天蓝色（图 1-11）、绿蓝色、绿色等，常伴有斑点、褐黑色网脉或暗色矿物杂质；少见白色、黄色、褐色等杂色。

图 1-11　天蓝色绿松石原石
（图片来源：国家岩矿化石标本资源共享平台，www.nimrf.net.cn）

7

绿松石的晶体结构及铜离子决定了它的基本颜色为天蓝色。铁在化学成分中可以替代部分铝，使绿松石呈现绿色。水的含量也影响着其颜色的色调，因为绿松石为多晶集合体，具有一定的孔隙度，当孔隙被水充填，使得光的漫反射被减弱，绿松石的颜色便会加深。

2. 光泽

绿松石具有蜡状光泽、油脂光泽，部分浅灰白色的绿松石具土状光泽，抛光很好的平面可达到玻璃光泽。

3. 透明度

绿松石为不透明。

4. 折射率与双折射率

绿松石集合体的折射率为 1.610 ~ 1.650，点测法通常为 1.61。双折射率集合体不可测。

5. 光性

绿松石为非均质集合体，其单晶为二轴晶，正光性。

6. 吸收光谱

在强的反射光下，蓝区 420 纳米处有一条不清晰的吸收带，432 纳米处有一条可见的吸收带，有时于 460 纳米处有一条模糊的吸收带（图 1-12）。

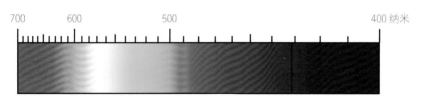

图 1-12　绿松石的吸收光谱

7. 紫外荧光

绿松石在长波紫外灯下一般呈惰性或呈绿黄色弱荧光，短波下呈惰性。

（二）力学性质

1. 摩氏硬度

不同质地的绿松石摩氏硬度有所差异，瓷松为 5 ~ 6，硬松为 4 ~ 5，泡松为 4 以下。

2. 密度

绿松石的密度为 2.76（+0.14，−0.36）克／厘米^3。

3. 断口

绿松石呈贝壳状或粒状断口。

三、其他

绿松石可与酸性溶液发生化学反应。因含有吸附水、结晶水、结构水，绿松石在高温下易发生失水、干裂。

第三节

绿松石的优化处理、"合成"、再造与相似品

一、绿松石的优化处理及其鉴别

颜色苍白或质地疏松的绿松石，需要通过优化处理来改变颜色、外观，提高其稳定性。绿松石的优化处理方法主要有：浸蜡、染色、充填和扎克里处理等。

（一）浸蜡（优化）

浸蜡是将绿松石置于虫蜡或川蜡中加热，传统上称其为"过蜡"，用于填充细微的孔隙，增强绿松石的稳定性，同时使其体色得以更好地显现。浸蜡属于优化方法，已被市场广泛接受。

由于蜡容易挥发，浸蜡绿松石经过长时间放置或者太阳暴晒后会慢慢褪色，当浸蜡的绿松石靠近热针，其表面的蜡会受热熔化而形成小珠渗出。另外，还可以通过红外光谱等检测绿松石是否存在蜡的吸收峰。

（二）染色（处理）

染色，即把绿松石浸于无机或有机染料中，与充填处理同步进行，将浅色绿松石染成所需的颜色。

经染色的绿松石颜色不自然，且裂隙处的颜色因染料聚集而变深（图1-13）。在染色绿松石表面的剥落处或坑凹处，有可能显露其本身的浅色部分。部分染色绿松石用蘸氨水的棉球擦拭可将棉球染色。染色绿松石与天然绿松石的紫外—可见光谱差异明显，出现天然绿松石不具有的677纳米吸收线。

（三）充填（处理）

充填处理又称"稳定化处理"，充填材料主要有无色油、无色或有色塑料、加有金属的环氧树脂等。充填处理可改善绿松石的颜色，提高其透明度，并加强其稳定性。

充填处理后的绿松石密度降低，放大检查有时可见胶残余。热针试验时，充填处理绿松石中的有机物熔化，会散发辛辣气味。用红外光谱检测，充填处理的绿松石可以出现一些由有机物引起的特殊的吸收谱线。

（四）扎克里处理

扎克里处理是近年来市场上出现的一种新型的绿松石优化处理方法，是科学家扎克里（Zachery）的个人专利。扎克里处理又称为电化学处理、电镀法或钾盐染色法，主要用于中档绿松石的优化改善，其改善效果优于传统染色处理（图1-14）。

绿松石是一种多孔材料，电化学处理可降低绿松石的孔隙度，使其表面颜色变深，光泽增强。经电化学处理的绿松石，颜色均匀艳丽、质地细腻，常以"美国松"的形式进入市场，价格与天然中高档绿松石相当，在珠宝市场中造成了一定的混乱。

研究表明，经电化学处理后的绿松石中钾（K）、钠（Na）、磷（P）元素的含量普遍高于天然绿松石，其总孔隙度、总孔体积有一定程度的降低。目前，通过检测绿松石中钾元素的含量，并结合孔隙度特征差异，可以有效地判断绿松石是否经过电化学处理。

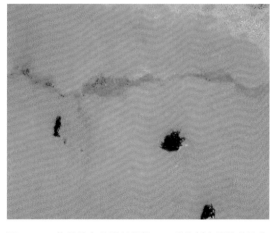

图1-13　传统染色处理的绿松石可见染料在裂隙处浓集
（图片来源：Emmanuel Fritsch, et al., 1999）

图1-14　扎克里处理后的绿松石颜色加深、孔隙度降低
（图片来源：Emmanuel Fritsch, et al., 1999）

二、"合成"绿松石及其鉴别

吉尔森"合成"绿松石于 1972 年面市，属于原材料再生产的产品，采用了制作陶瓷的工艺过程。吉尔森"合成"绿松石有两种类型：一种是较为均匀纯净的某种材料；另一种加入了杂质成分，使得其表面形似铁线绿松石。

吉尔森"合成"绿松石的颜色均匀，成分相对单一，人工铁线往往分布在表面，线条生硬，没有内凹（图 1-15）。天然绿松石则颜色自然，可含有白色斑点（石英、高岭石）及褐黑色内凹的铁线，铁线分布自然（图 1-16），且矿物成分复杂，所含的杂质较多，如高岭石、埃洛石等黏土矿物。放大观察，在"合成"绿松石的基质中可见大量均匀分布的蓝色球状或角状微粒，称为"麦片粥"现象。此外，吉尔森"合成"绿松石的红外吸收光谱缺失天然样品在 1000 ~ 1200 波数区间内的特征吸收峰。

图 1-15　吉尔森"合成"绿松石

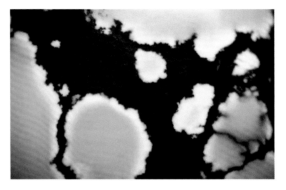

图 1-16　天然绿松石的铁线
（图片来源：王礼胜提供）

三、再造绿松石及其鉴别

再造绿松石是由天然绿松石微粒、各种铜盐或者其他金属盐类的蓝色粉末材料，在一定的温度和压力下胶结而成。可通过放大检查、盐酸试验、红外光谱等方法进行鉴定。

再造绿松石的外观似瓷器，具有典型的粒状结构。放大检查时，可见颗粒间的界线及基质中深蓝色的染料颗粒。部分再造绿松石因含有铜的化合物而呈蓝色，铜盐溶解于盐酸，故用含盐酸的棉球擦拭时棉球会沾染明显的蓝色。另外，再造绿松石的红外光谱中具有典型的 1725 波数的吸收峰，据资料显示，该峰是由塑料黏结剂引起的。

四、绿松石的相似品及其鉴别

与绿松石相似的玉石品种主要有硅孔雀石、埃拉特石、磷铝石、染色菱镁矿、染色羟硅硼钙石等，可以从光泽、折射率、相对密度、红外光谱等方面进行鉴别（见本书附表）。绿松石颜色丰富，有浅至中等蓝色、蓝绿色、绿色等，不透明，呈蜡状至玻璃光泽，常有褐黑色铁线和白色斑点为其典型特征，折射率约为 1.61。

第四节
绿松石的品种与质量评价

一、绿松石的品种

（一）按质地分类

1. 瓷松

瓷松的颜色通常为纯正的天蓝色，其颜色鲜艳均匀，质地致密细腻（图 1-17）。瓷松原石为致密的绿松石集合体，外表可呈团块状、结核状；断口呈贝壳状；硬度较大，约为 5.5 ~ 6.0。瓷松为高品质的绿松石，因抛光后光泽似瓷器而得名，是制作首饰和玉器的主要材料。

2. 绿松

绿松颜色为蓝绿色到豆绿色，质地的致密度和细腻度比瓷松略逊色些（图 1-18）。

图 1-17　瓷松原石
（图片来源：摄于女娲山绿松石有限公司）

硬度中等，约为 4.5 ～ 5.5。属质量中等的绿松石。

3. 面松

面松为一种受不同程度风化的绿松石，其颜色呈蓝色到月白色，外层可带有灰白色、灰黄色包壳，光泽暗淡，质地较疏松（图 1-19）。面松的表面呈团块状结构；断口呈粒状；硬度低，用指甲能刻划。面松属品质较差的绿松石。

4. 泡松

泡松的质地比面松更松软，用指甲即能刻划出粉末，不能用作玉雕材料。泡松常作为优化处理的原料，进行人工着色、注胶或注蜡处理（图 1-20）。

图 1-18　绿松石胸坠
（图片来源：国家岩矿化石标本资源共享平台，
www.nimrf.net.cn）

图 1-19　面松原石
（图片来源：Rob Lavinsky, iRocks.com,
Wikimedia Commons, CC BY-SA 3.0 许可协议）

图 1-20　泡松原石
（图片来源：国家岩矿化石标本资源共享平台，
www.nimrf.net.cn）

（二）按结构构造分类

1. 晶体绿松石

晶体绿松石是一种极为罕见的透明单晶体，粒度很小，已知仅产于美国弗吉尼亚州（图 1-21）。

2. 块状绿松石

块状绿松石是外表呈团块状、结核状的隐晶质集合体（图1-22），外层常有灰褐色、黄褐色及褐色包壳。高品质的绿松石呈致密状，包壳内部颜色鲜艳均匀、质地细腻，适合加工成首饰和玉雕工艺品。品质差一些的绿松石受到了不同程度的风化，包壳类绿松石颜色一般呈浅灰蓝色、浅蓝绿色等，质地较疏松。

图1-21　产自美国弗吉尼亚州比舍普（Bishop）矿区的绿松石晶体
（图片来源：Leon Hupperichs, Wikimedia Commons, CC BY-SA 3.0许可协议）

图1-22　产自美国亚利桑那州的结核状绿松石
（图片来源：Rob Lavinsky, Wikimedia Commons, CC BY-SA 3.0许可协议）

3. 铁线绿松石

铁线绿松石，俗称铁线松，是一种含有黑色或褐色铁质斑点或网脉的绿松石（图1-23）。由于铁线绿松石图案自然、美观而独具一格，其价值也较高。

图1-23　铁线松原石
（图片来源：国家岩矿化石标本资源共享平台，www.nimrf.net.cn）

4. 浸染绿松石

浸染绿松石是一种呈浸染状充填于高岭石、褐铁矿或围岩角砾组成的脉石中的绿松石（图1-24），常呈斑状、角砾状分布，需要与围岩一同切磨。

图 1-24　产自美国新墨西哥州的浸染绿松石

（图片来源：Tim Evanson, en.wikipedia.org, CC BY-SA 2.0 许可协议）

二、绿松石的质量评价

绿松石的质量评价主要从颜色、质地、瑕疵、花纹、块度等方面进行。

（一）颜色

高品质的绿松石颜色要求纯正、均匀、鲜艳，绿松石以蔚蓝色为最佳（图1-25），天蓝色至蓝绿色为优质品，黄绿色者次之，褐绿色、灰绿色、黄白色者质量较差。绿松石颜色不均匀或含灰色、褐色、黄色等杂色，将对其价值产生负面影响。

（二）质地

质地致密的优质绿松石，具有较高的密度和硬度，以瓷松最佳（图1-26）。而质地一般的绿松石，因其受到了不同程度的风化作用，结构较为松散，其密度和硬度均会下降，品质明显降低，如面松。可根据绿松石质地的差异，以相对密度为依据进行相应的区分，将其划分为不同等级。

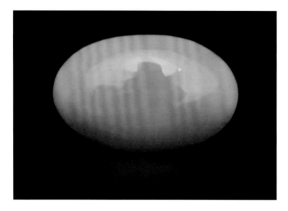

图1-25 纯正蔚蓝色的优质瓷松
（图片来源：陈晴提供）

图1-26 质地致密的绿松石胸坠

（三）瑕疵

绿松石的瑕疵包括各种杂质及裂隙凹坑，其中常见的杂质有"铁线""白脑""糠心"等（图1-27）。对于含有"铁线"并构成特殊花纹类型的绿松石，其表面美观的花纹不计入瑕疵类型。"白脑""糠心"及裂隙凹坑等瑕疵则对绿松石的质量产生负面影响。

铁线绿松石为含有斑点状或网脉状黑色或褐色铁质的绿松石，其价值较高（图1-28）。铁线可使绿松石胶结牢固且质地坚硬，若其构成蜘蛛网纹、龟背纹等美观珍奇的花纹，更能增加铁线绿松石的价值。

"白脑"是绿松石中含有的呈星点或斑块状的白色石花，质硬的为石英，质软的为高岭石等。"白脑"是绿松石明显的瑕疵，影响着绿松石的颜色和质地，会降低其质量。

"糠心"是指部分呈结核状的绿松石，其外层为瓷松，而核心为灰黄褐色含氧化铁的劣质松石，严重影响其质量，降低其价值。

图1-27 产自美国内华达州不同颜色的
绿松石及其表面瑕疵
（图片来源：Reno Chris, en.wikipedia.org,
Public Domain）

图1-28 绿松石手镯

（四）花纹

绿松石的花纹可包括不同的颜色组合及铁线花纹特征。部分绿松石肉眼观察可见蓝色、绿色、黄色等不同颜色的组合，或者表面有呈蜘蛛网状、水草状、雨点状等不同的花纹图案（图1-29），别致独特的表面特征通常会对绿松石的质量产生一定的正面影响，美丽的花纹将增加绿松石的价值。

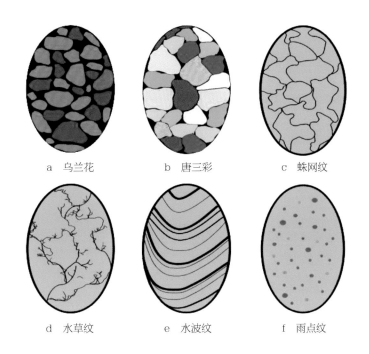

a 乌兰花	b 唐三彩	c 蛛网纹
d 水草纹	e 水波纹	f 雨点纹

图 1-29　绿松石常见的特殊花纹类型
（图片来源：GB/T 36169—2018《绿松石 分级》）

（五）块度

相同品质的绿松石块度越大，稀有度越高，价值就越大。

三、绿松石的商业分级

在商业上，根据绿松石的颜色、质地、瑕疵、花纹、块度等方面，将绿松石分为四级："波斯级""美洲级""埃及级""阿富汗级"。这些质量等级名称是在绿松石交易流通领域中逐渐被广泛使用和普遍认可的商业俗称，并非具有产地意义。

（一）一级品——波斯级

一级绿松石的颜色和质地均为上等，呈天蓝色，颜色鲜艳、纯正、均匀，光泽强而

图 1-30　湖北竹山优质绿松石
"国宝熊猫"形原石摆件
（图片来源：摄于女娲山绿松石有限公司）

柔和，质地致密细腻，无铁线、无白脑、无裂纹及其他瑕疵。其中，当绿松石表面的铁线呈现出美观的花纹图案时，常被称为"波斯级铁线绿松石"。

（二）二级品——美洲级

二级绿松石呈深蓝色、深绿蓝色，颜色较鲜艳、纯正，光泽较强，质地坚韧，白脑及其他瑕疵较少，多数没有铁线或表面有细的蜘蛛网状铁线（图1-30）。

（三）三级品——埃及级

三级品绿松石呈绿蓝色、浅蓝色、蓝绿色等，颜色较明亮，但颜色分布不均匀，光泽暗淡，质地较致密，铁线明显，存在白脑等瑕疵。

（四）四级品——阿富汗级

四级品绿松石呈月白色、浅蓝白色、浅黄绿色、暗黄绿色等，光泽暗淡，质地疏松，铁线较多，有白脑、糠心等明显瑕疵。

第五节
绿松石的产地与成因

一、绿松石的产地

目前，世界上绿松石的产出国有中国、伊朗、美国、埃及、俄罗斯、智利、澳大利亚、墨西哥、秘鲁、俄罗斯等。其中，中国、美国和伊朗的绿松石储量最大且质量较佳。

中国产出的绿松石闻名于世，其形态与颜色极其丰富，主要分布在湖北十堰市的郧阳和竹山（图1-31、图1-32）、陕西白河、河南淅川、安徽马鞍山、青海乌兰县、新疆哈密等地。我国绿松石储量最为集中的地带分布于东秦岭，其为一条长约400千米的风化淋滤型绿松石成矿带。国内以湖北十堰地区的储量最大，品质最好，产出的绿松石色泽艳丽、质地细腻、料面纯净。安徽马鞍山的储量位居第二，产出的绿松石颜色为深蓝色、蓝白色、绿色等，质地细腻。目前在国内仅发现安徽马鞍山出产的绿松石具磷灰石假象，此为一种较罕见的绿松石产状，其保留了原始磷灰石完整的晶体形态，可见六方柱和六方双锥组成的聚形（图1-33）。

伊朗绿松石以尼沙普尔绿松石矿著名，其宝石级的绿松石为天蓝色，有些具有很细的黑色蛛网纹。该地绿松石呈稀疏细脉状、网脉状产于粗面溶岩和角砾岩风化带中，常与高岭石、褐铁矿等共生。但由于此矿开采历史久远和经历战争破坏等因素，其资源早已枯竭。

美国的亚利桑那州、内华达州、科罗拉多州和新墨西哥州分布有世界闻名的优质绿松石矿。目前在国内珠宝市场看到的美国绿松石主要是产于亚利桑那州的"睡美人"矿、比斯比（Bisbee）矿和金曼（Kingman）矿等。"睡美人"绿松石以其纯净清澈的天蓝色而闻名，在绿松石源远流长的历史中有着巨大的影响，其颜色艳

图1-31　湖北竹山绿松石19号矿点

图1-32　湖北竹山矿区采出的绿松石

图1-33　呈磷灰石晶体形态假象的绿松石
（图片来源：Rob Lavinsky, Wikimedia Commons, CC BY-SA 3.0许可协议）

丽，结构致密，多数为瓷松。比斯比绿松石因其高硬度、高质量及漂亮的蓝色而广受赞誉。比斯比矿产出的绿松石具有多种色调的蓝色，并且伴有特别的红棕色铁线及蛛网状图案。金曼绿松石矿是美国最古老和质地最优的松石矿之一，早在 1000 多年前就被当地原始印第安人发现并开始使用，金曼绿松石拥有鲜艳亮丽的蓝色，常见漂亮的黑色铁线和银色的矿质铁线（图 1–34 ）。

图 1–34　产自美国亚利桑那州金曼矿区的绿松石
（图片来源：John Phelan，Wikimedia Commons，CC BY–SA 3.0 许可协议）

二、绿松石的成因

绿松石常产于铜矿氧化带中，是一种次生的含水铜铝磷酸盐矿物，常与褐铁矿、高岭石、黄钾铁矾共生。绿松石矿床多为外生淋滤成因，含铜硫化物和含磷、铝岩石经风化淋滤形成绿松石。按岩石类型及成矿作用可将绿松石矿床划分为三类：①斑岩型多金属硫化物矿床风化淋滤型；②碳硅质板岩；③片岩的风化淋滤型和流纹岩或粗面岩线形风化淋滤型。

我国陕西白河县、湖北竹山县和郧阳区及河南淅川县的绿松石矿床属同一寒武系的葡萄石相绿纤石相板岩片岩建造，均在大陆内部的构造环境中经受过区域变质作用，属于碳硅质板岩、片岩的风化淋滤型。美国亚利桑那州的迈阿密、圣里塔等铜矿成矿区的次生硫化物密集带产出有绿松石，属于金属硫化物矿床风化淋滤型。另外，国外多数大型绿松石矿床类型属于流纹岩或粗面岩线形风化淋滤型。

第六节
绿松石的加工与市场

一、绿松石的加工

对绿松石的加工通常分为首饰和雕刻两类。块度大的绿松石原料常加工成各种工艺品雕件，而质优色好的小块材料或边角料则常被加工成首饰（图1-35）。

图1-35　绿松石的雕琢加工

绿松石常采用弧面琢型，制成戒指（图1-36）、耳饰（图1-37）、胸针、胸坠等首饰。小块绿松石可以加工成圆珠（图1-38）、算盘珠、随形珠等，制成项链或手串。另外，绿松石也可用于设计皮带扣、首饰盒等工艺品。用于制作雕刻品的绿松石，常根据其原料的颜色、表面图案和块度来进行设计。传统的雕刻以素雕为主，多制成鼻烟壶、印章等实用器具（图1-39），现代以俏雕为主，多雕刻成挂件等。

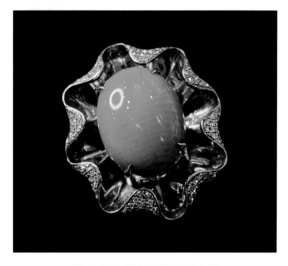

图 1-36　绿松石配钻石戒指

图 1-37　绿松石配蓝宝石和钻石耳坠

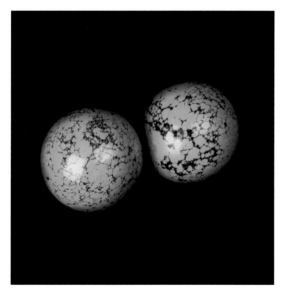

图 1-38　绿松石圆珠

图 1-39　绿松石印章

二、绿松石的市场

　　绿松石是一种历史悠久的玉石，许多宗教文化和神话传说中都出现了绿松石的身影。从古至今，绿松石一直是时尚、神圣的装饰品，经久不衰。因其色泽艳丽、质朴典雅，制成首饰后亮丽夺目而深受世人的喜爱（图 1-40）。形态奇异的绿松石，又像是一幅立体的画，是自然天成的艺术品，常被作为观赏石摆件，受到广大藏石者的追捧（图1-41、图 1-42）。

近几年来，文玩市场逐渐火热，绿松石愈发受到国内外市场的青睐，在美国、埃及、伊朗、伊拉克等许多国家，人们都十分认可和喜爱绿松石。尽管出产绿松石的国家不在少数，但因为绿松石的市场储量有限，优质资源十分匮乏，使得绿松石的价格不断上涨。另外，绿松石的身影频频出现于各类影视作品中，一些国际巨星也选择佩戴精美的绿松石首饰出席活动，这些都对绿松石起到了很大的推广作用，引发了一波又一波购买和收藏的热潮。绿松石因其独有的魅力和深厚的文化底蕴，加之目前市场行情大好，具有相当高的收藏价值和升值潜力。

图 1-40　绿松石现代首饰套装
（图片来源：北京保利国际拍卖有限公司）

图 1-41　绿松石原石摆件
（图片来源：国家岩矿化石标本资源共享平台，
www.nimrf.net.cn）

图 1-42　形似中国版图的绿松石原石摆件

第二章
Chapter 2
青金石

　　青金石，具有独特的靛蓝色，因常含有如点点金星般的黄铁矿而得名，其外观仿若画家在靛蓝色的画布上挥洒了一抹金星，给人以端庄华丽的美感。青金石象征着胜利与幸运，既受到当代时尚女性的青睐，也是适合男士佩戴的宝石之一。

第一节
青金石的历史与文化

一、青金石的名称由来

青金石的英文名称为 Lapis Lazuli，意为"蓝色的石头"。lapis 来源于拉丁语，意为"石头"；lazuli 源自中古拉丁语 lazulum，意为"蓝色的"，来源于阿拉伯语 lāžaward，最早可追溯至波斯语中的 lāzhvard，是青金石出产的地名。在中国古代，青金石有"璆琳""琉璃""瑾瑜""金碧""金星石"等名称。

二、青金石的历史与文化

青金石文化源远流长，位于巴比伦尼亚南部（现伊拉克境内）的新石器时代墓穴中出土有青金石制成的珠子。距今 6000 ~ 5000 年前，从阿富汗优质青金石矿开采出来的青金石就已经风靡古埃及和古巴比伦等文明古国（图 2-1）。当时，作为比黄金还贵重的宝石，青金石天生就拥有尊贵的"皇室血统"，为上层社会和贵族所青睐。现存埃及法老图坦卡蒙（Tutankhamun）的黄金面罩，重达 11 千克，其上镶嵌着大量的青金石（图 2-2）。此外，古埃及女性喜爱将青金石磨成粉末制作成眼影化妆品。

图 2-1　产自阿富汗的青金石原石
（图片来源：Hannes Grobe，Wikimedia Commons，CC BY-SA 2.5 许可协议）

图 2-2　镶有青金石的图坦卡蒙黄金面具
（图片来源：Jon Bodsworth, en.wikipedia.org,
Public Domain）

中世纪末期，青金石传入欧洲。14—16 世纪的文艺复兴时期和 17 世纪的巴洛克时期，人们将青金石磨成粉末，作为一种名贵的颜料来使用，称为"天然群青"（Natural Ultramarine）（图 2-3）。由于当时青金石十分昂贵，且制作群青颜料的工序十分复杂，文艺复兴时期的欧洲画家通常只有在描绘圣母玛利亚和耶稣的衣袍时才会使用。17 世纪，荷兰画家约翰内斯·维米尔（Johannes Vermeer）创作了著名的油画《戴珍珠耳环的少女》，少女的蓝色头巾便是用青金石作颜料绘画而成（图 2-4）。

青金石除了制成饰品和颜料外，也常用于建筑物装饰，立于俄罗斯伊萨基辅大教堂殿内的蓝色青金石石柱庄严而高贵（图 2-5），圣彼得堡冬宫博物馆内也陈列着由青金石装饰的桌凳、摆件（图 2-6、图 2-7）、花瓶（图 2-8）等，华丽而庄重。

图 2-3　由青金石磨成的蓝色颜料（天然群青）
（图片来源：Palladian, en.wikipedia.org, Public Domain）

图 2-4　油画《戴珍珠耳环的少女》
（图片来源：Johannes Vermeer, en.wikipedia.org, Public Domain）

图 2-5 伊萨基辅大教堂中的青金石石柱

（图片来源：pixabay，CC0 许可协议）

图 2-6 圣彼得堡冬宫博物馆陈列的青金石家具

（图片来源：李盈青提供）

图 2-7 圣彼得堡冬宫博物馆陈列的青金石桌子

（图片来源：李盈青提供）

图 2-8 圣彼得堡冬宫博物馆陈列
的青金石花瓶（19 世纪）

（图片来源：Dezidor，en.wikipedia.
org，CC BY 3.0 许可协议）

在丝绸之路开辟之前，亚洲大陆的国际贸易路线网中最著名的路线史称"青金之路"，它开拓了亚洲西段的古代贸易（图2-9）。"青金之路"源于阿富汗，分两路到达今伊拉克的两河流域地区。公元前2世纪，汉武帝派张骞出使西域，开辟了沟通古老文明相互交流的丝绸之路，其西段的路线恰好与之前的"青金之路"相重合，青金石也作为丝绸之路上的重要物品之一不断输入中国。

图2-9　莫卧儿帝国的青金石艺术品
（图片来源：Wikimedia Commons, Public Domain）

青金石在我国古代用来制作装饰工艺品和首饰，也用作宗教文化彩绘常用的颜料。目前，中国考古发掘的最古老的青金石制品是从春秋时期曾侯乙墓出土的，历史可以追溯到西汉时期。

《石雅》云："青金石色相如天，或复金屑散乱，光辉灿烂，若众星丽于天也。"因青金石"色相如天"，中国古代通常将其作为威严崇高的象征。在汉代，青金石的雕刻工艺已有较高的水平，位于徐州的东汉彭城靖王刘恭墓出土了一件鎏金镶嵌兽形砚盒，盒身镶嵌有青金石、绿松石和红珊瑚。南北朝时期，中亚的青金石不断传入我国。明清以后，青金石也深受帝王的钟爱，将青金石用于祭天，四品官阶朝服顶戴器品也采用了青金石。另外，我国甘肃省敦煌莫高窟、千佛洞的彩绘，全都采用青金石作为蓝色颜料，其珍贵和庄重可见一斑。

青金石因其拥有最纯正的靛蓝色，最早被认为是"能量石"，人们将其作为护身符使用。青金石在中国的出现与佛教的传入密不可分，佛教中称为"吠努离耶"（Vaidurya）或"吠琉璃"，属于佛教七宝之一，其色相是佛之威严的象征。

一、青金石的基本性质

（一）矿物组成

青金石是一种矿物集合体，其主要组成矿物为青金石、方钠石，次要矿物有方解石、黄铁矿和蓝方石（图 2-10），有时含透辉石、云母、角闪石等。

图 2-10 青金石中含有亮黄色黄铁矿和白色方解石等矿物

（二）化学成分

青金石矿物为钠铝硅酸盐，其晶体化学式为 $(Na, Ca)_8 [AlSiO_4]_6 (SO_4, Cl, S)_2$。

（三）晶系及结晶习性

青金石矿物属高级晶族，等轴晶系。其单晶通常为菱形十二面体，但单晶体较为少见。

（四）结构构造

青金石通常为矿物集合体，呈细粒—隐晶质结构，致密块状、层状构造（图 2-11）。

图 2-11　层状构造的青金石
（图片来源：国家岩矿化石标本资源共享平台，www.nimrf.net.cn）

二、青金石的物理性质

（一）光学性质

1. 颜色

青金石颜色范围为浅蓝—深蓝—紫蓝色（图 2-12），可带有微绿色调。青金石的颜色与其所含矿物相关，常有亮黄色黄铁矿、白色方解石、墨绿色透辉石及普通辉石的色斑。当方解石团块含量较高时可呈蓝白斑驳色（图 2-13）。

图 2-12　紫蓝色的青金石原石
（图片来源：国家岩矿化石标本资源共享平台，www.nimrf.net.cn）

图 2-13　呈蓝白斑驳色的青金石圆珠
（图片来源：Reitawood，Wikimedia Commons，CC BY-SA 4.0 许可协议）

2. 光泽

青金石为玻璃光泽，也常呈蜡状光泽。

3. 透明度

青金石呈半透明至不透明。

4. 折射率与双折射率

青金石的折射率约为 1.50（点测），有时因含有方解石团块，折射率可达 1.67。集合体双折射率不可测。

5. 光性

青金石为均质集合体。

6. 吸收光谱

青金石无特征吸收光谱。

7. 紫外荧光

在长波紫外灯下，青金石中的方解石团块可发粉红色荧光，短波下呈弱至中等的绿色或黄绿色荧光。

8. 其他

青金石在查尔斯滤色镜下呈赭红色。

（二）力学性质

1. 摩氏硬度

青金石的摩氏硬度为 5 ~ 6。

2. 密度

青金石的密度为 2.75（±0.25）克 / 厘米 ^{3}，随黄铁矿和其他矿物的含量而变化。

3. 解理及断口

青金石具（110）不完全解理，集合体解理不可见。

三、其他

与青金石共生的方解石遇酸强烈反应而起泡，故不可将青金石首饰放入电镀槽、超声波清洗器和酸性溶液中。

第三节
青金石的优化处理、"合成"与相似品

一、青金石的优化处理及其鉴别

（一）浸蜡或浸无色油（优化）

将青金石浸蜡、浸无色油，可以改善其外观，增强其耐久性，放大观察可见局部蜡质脱落，热针检测会有蜡或油析出。

（二）染色（处理）

用蓝色染料对青金石进行染色，可改善劣质青金石的外观，放大观察可发现染料的颜色在裂隙处富集。在不显眼位置用蘸有丙酮、酒精或稀盐酸的棉签擦拭，棉签可沾染蓝色染料。如有浸蜡，则应先去除表面蜡层，然后再进行测试。紫外—可见分光光度计可检测染料的吸收峰。

二、"合成"青金石及鉴别

采用吉尔森法制造的一种"合成"青金石材料，其主要成分为含水磷酸锌，属于青金石仿制品，而并非真正的合成青金石。

该种"合成"青金石颜色分布比较均匀，密度低于天然青金石，孔隙度高于天然青金石，在水中浸泡后重量会明显增加。此外，"合成"青金石中所含的黄铁矿包体边缘平直，分布均匀，是将天然黄铁矿粉碎后加入原料中所致，与天然青金石中黄铁矿轮廓不规则、呈斑块状或条带状分布的特点有着明显的区别。

三、青金石的相似品及其鉴别

与青金石相似的宝石品种主要有方钠石、蓝色东陵石、染色石英质玉、染色大理岩等。可以从折射率、相对密度、显微特征等方面进行鉴别（见本书附表）。青金石最典型的鉴定特征为呈中至深的微绿蓝—紫蓝色，常含有白色方解石、黄色黄铁矿，多为粒状结构，折射率约为 1.50，密度约为 2.75 克 / 厘米³，滤色镜下呈赭红色。

第四节

青金石的质量评价

最优质的青金石颜色为分布均匀的强紫蓝色，光泽强，不含方解石、黄铁矿等包体。对青金石的质量评价可以从颜色、净度、块度三个方面进行。

一、颜色

高品质的青金石呈均匀的紫蓝色（图 2-14），以蓝色调浓艳、纯正、均匀为最佳（图 2-15）。当颜色中含其他杂色调时，青金石的价值会相应降低。另外，当青金石含有方解石等包体时，蓝白交杂，颜色分布不均匀，会导致其价值大大降低。

图 2-14　纯正的紫蓝色青金石原石
（图片来源：江敏瑜提供）

图 2-15　均匀无杂色的青金石圆珠

二、净度

　　青金石的净度是指含有方解石、黄铁矿等矿物的数量，其中方解石的存在会使青金石的价值显著降低，而黄铁矿的含量对青金石的价值影响不大。若黄铁矿在青金石中分布美观，也能使其具有相对较高的价值。

　　品质最好的青金石为"青金石级"，不含方解石和黄铁矿包体，青金石矿物含量在99%以上，俗称"无白无金"。品质优等的青金石为"青金级"，其中青金石矿物含量一般在90%～95%，要求无白斑，可见稀疏的星点状黄铁矿等（图2-16）。品质较差的青金石为"金克浪级"，青金石矿物的含量明显减少，有呈白斑和白花状的方解石，含有多且密集的黄铁矿，杂质矿物含量明显增加（图2-17）。品质最差者被称作"催生石级"，青金石矿物含量不足30%，仅可见星点状的蓝色分布，或呈蓝白混杂色，一般不含黄铁矿。

图 2-16　"青金级"青金石　　　　　　　图 2-17　"金克浪级"青金石
（图片来源：国家岩矿化石标本资源共享平台，　　（图片来源：国家岩矿化石标本资源共享平台，
www.nimrf.net.cn）　　　　　　　　　　www.nimrf.net.cn）

三、块度

　　当青金石的颜色和净度等因素处于同等条件的情况下，块体越大，其价值也越高。

第五节
青金石的产地与成因

青金石是古老的玉石之一，主要产于阿富汗、俄罗斯、智利、美国、加拿大、缅甸等，我国迄今没有发现青金石矿床。青金石矿床均属接触交代的矽卡岩型矿床。

阿富汗东北部的巴达赫尚地区（Badakshan）的萨雷桑格（Sar-e-Sang）矿区是世界上最古老的青金石矿，其开采历史可以追溯至新石器时代。该青金石矿床属于接触交代的镁质矽卡岩型，由铝硅酸盐岩浆期后高温溶液渗入白云石大理岩中发生交代作用而形成的。萨雷桑格矿出产青金石的颜色呈略带紫色调的蓝色，少有黄铁矿和方解石脉，是著名的高品级优质青金石产地（图 2-18）。

图 2-18　产自阿富汗萨雷桑格矿区的青金石
（图片来源：James St. John, flickr.com, CC BY 2.0 许可协议）

俄罗斯的小贝斯特拉矿床和斯柳甸矿床位于西伯利亚的贝加尔湖地区（Lake Baikal region），该地区的青金石矿床也属于接触交代的镁质矽卡岩型。贝加尔湖地区出产的

青金石质量较好，具有不同色调的蓝色，通常含有黄铁矿。

智利安第斯山脉的青金石矿位于利马里省蒙特帕特里亚的东南部，该青金石矿床属接触交代的钙质矽卡岩型。此矿区出产的青金石常带有绿色调，一般含有较多的白色方解石，价格相对较低。

第六节

青金石的加工与市场

一、青金石的加工

对青金石的加工通常与其原料的大小、颜色、品质等因素相关。珠宝市场上，一些块度较大、颜色浓郁、质地均匀的上等料，通常会优先考虑加工成手镯；其次则考虑制成方牌、吊坠（图2-19）、戒面（图2-20）、珠串等；用作首饰的青金石常被切磨成弧

图2-19　青金石随形胸坠

图2-20　青金石戒指

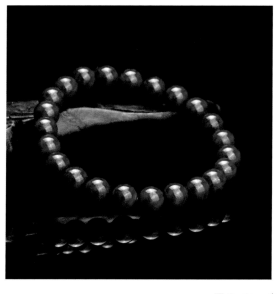

图 2-21　青金石圆珠手串

面型琢型，边角料则可切磨成圆珠，制成项链或手串等（图 2-21）。一些原石块度大且造型独特，经设计后可制成雕刻摆件（图 2-22）。青金石中常含有方解石杂质，影响美观而降低其价值，在加工时常会优先考虑将其适当去除。

二、青金石的市场

青金石曾作为国际贸易的载体加强了东西方许多地区的贸易和文化交流，它在人类历史文明中发挥了深远而积极的作用。在古代，由于佩戴青金石象征着富有，它也一直深受富裕阶层的垂爱。直至今日，青金石首饰仍然广泛流行于中东、中亚、欧洲、印度、尼泊尔等国家和地区。

青金石因拥有独特而深邃的蓝色，在珠宝市场中独树一帜，颇受设计师和消费者的青睐（图 2-23、图 2-24）。宝格丽、卡地亚、梵克雅宝等国际奢侈品牌的设计师将青

图 2-22　青金石鹦鹉形雕件

39

图 2-23　青金石配珊瑚和钻石戒指　　　　图 2-24　由青金石配珍珠的项链、耳环和戒指套装作品

（图片来源：马婷婷提供）

金石利用于钟壳表盘及首饰上，以此增强其产品的奢华感与厚重感。2019 年"有界之外：卡地亚·故宫博物院工艺与修复特展"中展出了一件于 1936 年为伊迪丝·切斯特·比替夫人（Lady Edith Chester Beatty）特别定制的青金石圆珠手链（图 2-25）。国际品牌对青金石的使用与推广，不仅在国际珠宝界刮起一股"蓝色旋风"，还拉动了国内珠宝爱好者对青金石的需求。另外，高品质的青金石因具有较高的收藏价值，需求大、产量稀少，进一步导致了优质青金石价值的持续增长。

图 2-25　卡地亚青金石圆珠手链

（图片来源：摄于故宫博物院）

第三章
Chapter 3
孔雀石

孔雀石因其颜色酷似孔雀羽毛的绿色而得名。在中国古代，人们称孔雀石为"曾青""绿青""石绿""铜绿"或"青琅玕"等，它曾被用作炼铜原料、绘画颜料及中医药物。孔雀石颜色艳丽，质地致密细腻，纹带清晰且致密块状的孔雀石可制作成各种首饰和雕件，造型优美的孔雀石是难得的观赏石。

第一节
孔雀石的历史与文化

一、孔雀石的名称由来

孔雀石，英文名称为 Malachite，源于希腊语，意为"绿如锦葵的石头"，希腊人认为该矿物与一种叫"锦葵"的植物的叶子相似。该英文名称的诞生经历了一系列的演变，先由锦葵的希腊语 μαλάχη malāchē 演变为 μολόχη molōchē，后在拉丁语中被称作 molochītis，其后经中古法语 melochite，中世纪英语 melochites，才最终演变为现今的 malachite。

二、孔雀石的历史与文化

在古罗马神话中，孔雀石被献给图腾为孔雀的朱诺女神，从此便具有了趋吉避凶的作用。四千年前的古埃及人开采了分布于苏伊士和西奈之间的孔雀石，并将之作为儿童的护身符，认为在儿童的摇篮上挂一块孔雀石，一切邪恶的灵魂都将被驱除。在德国的一些地区，人们佩戴雕刻有太阳的孔雀石挂件，认为其能够摆脱邪恶的灵魂。俄罗斯人常把孔雀石用作建筑物内部的装饰材料，镶嵌于壁炉、桌面、圆柱等陈列品上（图 3-1），伊萨基辅大教堂的大圆柱整体镶嵌了孔雀石（图 3-2），显得十分宏伟庄严，富丽堂皇。在智利，孔雀石则被尊为"国石"。

在我国古代，孔雀石最初被用作装饰品和陪葬品。因其化学成分中含铜，它也曾被用作炼铜的原料。此外，孔雀石还有药用价值，作为一种名贵的中药——石药，入药有解毒、去腐和杀虫的功效。"陨玉粉治病；佩玉饰避邪"，说的便是孔雀石。孔雀石的粉末颜色浓绿，在古代绘画颜料中，"石绿"就是以孔雀石为原料制作而成，其色泽艳丽，

图 3-1　俄罗斯圣彼得堡冬宫博物馆陈列的新古典主义风格的孔雀石花瓶
（图片来源：李盈青提供）

长久不褪色。意大利著名画家桑德罗·波提切利（Sandro Botticelli）的名画作品《春》（图 3-3），画上的绿色在经历 500 年后也未曾变色，人们于 1981 年修复该画时对其采用的颜料进行了化验，得知其中绿色颜料的成分为孔雀石。

图 3-2　伊萨基辅大教堂镶嵌有孔雀石的大圆柱
（图片来源：Alexey Komarov, Wikimedia Commons,
CC BY-SA 3.0 许可协议）

图 3-3　意大利桑德罗·波提切利名画作品《春》
（图片来源：Sandro Botticelli, Wikimedia Commons,
Public Domain）

第二节

孔雀石的宝石学特征

一、孔雀石的基本性质

（一）矿物组成

孔雀石为矿物集合体，主要组成矿物为孔雀石，常见有蓝铜矿、硅孔雀石等共生矿物。

（二）化学成分

孔雀石为含铜的碳酸盐矿物，晶体化学式为 $Cu_2CO_3(OH)_2$。可含微量 CaO、Fe_2O_3、SiO_2 等其他混入物。

（三）晶系及结晶习性

孔雀石属低级晶族，单斜晶系。其单晶非常稀少，晶体多呈柱状、针状或纤维状，自然界中常呈集合体出现，可见深浅不同的色带。

（四）结构构造

孔雀石集合体常具同心层状或放射纤维状结构（图3-4），呈块状、肾状、葡萄状、钟乳状、皮壳状、结核状等构造。

二、孔雀石的物理性质

（一）光学性质

1. 颜色

孔雀石的颜色为微蓝绿、浅绿、艳绿、孔雀绿、深绿和墨绿等，常有杂色条纹。

图3-4　产自云南耿马的放射纤维状孔雀石
（图片来源：吴大林提供）

2. 光泽

孔雀石为玻璃光泽，常见丝绢光泽。孔雀石的致密块状集合体由放射状排列的细长柱状、纤维状晶体组成，其截面见放射纤维状结构，使得孔雀石具有丝绢光泽（图3-5）。

图3-5　孔雀石表面的丝绢光泽
（图片来源：国家岩矿化石标本资源共享平台，www.nimrf.net.cn）

3. 透明度

孔雀石为微透明至不透明。

4. 折射率与双折射率

孔雀石的折射率为 1.655 ~ 1.909，双折射率为 0.254，但其集合体双折射率不可测。

5. 光性

孔雀石为非均质集合体，其单晶为二轴晶，负光性。

6. 吸收光谱

孔雀石无特征吸收光谱。

7. 紫外荧光

孔雀石在紫外灯下呈惰性。

（二）力学性质

1. 摩氏硬度

孔雀石摩氏硬度为 3.5 ~ 4.0。

2. 密度

孔雀石密度为 3.95（+0.15，−0.70）克 / 厘米^3。

3. 解理及断口

孔雀石无解理，具有参差状断口。

三、其他

孔雀石具可溶性，遇盐酸反应起泡，并且易溶解。

第三节

孔雀石的优化处理、合成与相似品

一、孔雀石的优化处理及其鉴别

（一）浸蜡（优化）

浸蜡是将蜡从表面浸入孔雀石中以掩盖其裂缝，放大检查可见表面光泽有差异，热针靠近可使蜡熔化，也可利用红外光谱来检测其是否有蜡的存在。

（二）充填（处理）

用塑料或树脂对孔雀石进行充填处理，有利于抛光和掩盖小裂缝，改善其耐久性。放大检查可见表面有充填物残余，热针测试可熔化充填于孔雀石中的塑料或树脂，并伴有辛辣气味。用红外光谱检测，充填处理的孔雀石可出现一些特殊的由有机物引起的吸收峰。

二、合成孔雀石及其鉴别

合成孔雀石于 1982 年在苏联首先试制成功。合成孔雀石是由紧密相邻的球状聚合物构成，生成和增长受结晶环境的控制，可分为带状、丝状、胞状三种结构类型。其颜色外观与天然孔雀石相似，具有较好的纹带构造。合成孔雀石的化学成分、颜色、相对密度、硬度、光学性质、X 射线衍射峰等特征与天然孔雀石相似，而两者在差热分析曲线图中有所差异，可据此进行鉴别。

三、孔雀石的相似品及其鉴别

与孔雀石相似的玉石品种有硅孔雀石等，可以从结构构造、相对密度、摩氏硬度等方面进行鉴别（见本书附表）。孔雀石最典型的鉴定特征是同心层状或放射纤维状结构与深浅不一的绿色及杂色条纹。

第四节

孔雀石的品种与质量评价

一、孔雀石的品种

根据其形态、物质组成、结构构造、特殊光学效应等特征，孔雀石主要有五种类型。

（一）晶体孔雀石

晶体孔雀石非常罕见，呈透明至半透明且具有一定晶体形态。

（二）块状孔雀石

块状孔雀石为具葡萄状、同心层状、放射状、条带状和钟乳状等多种形态的致密块体（图3-6），块体大小不等。主要用来加工各种首饰及玉雕工艺品（图3-7）。

（三）孔雀石猫眼

有些孔雀石具平行排列的纤维状结构，当其底面平行纤维结构方向琢磨成弧面型宝石时，可呈现猫眼效应，猫眼眼线清晰。

（四）孔雀石观赏石

孔雀石观赏石指保留了自然形成的原始形态的孔雀石集合体，形态多样，可呈皮壳状、绒毛状（图3-8）、钟乳状（图3-9）、肾状（图3-10）集合体，其造型优美，具人文寓意，可作为陈设艺术品。

（五）青孔雀石

青孔雀石又称"杂蓝铜孔雀石"，为孔雀石与蓝铜矿紧密伴生的集合体，绿色与深蓝色相映成趣，别具特色，是很好的矿物晶体观赏石（图3-11）。

图 3-6　条带状孔雀石原石
（图片来源：国家岩矿化石标本资源共享平台，
www.nimrf.net.cn）

图 3-7　孔雀石弧面成品
（图片来源：国家岩矿化石标本资源共享平台，
www.nimrf.net.cn）

图 3-8　产自贵州晴隆的具绒毛状外观的球状孔雀石
（图片来源：吴大林提供）

图 3-9　天然钟乳状孔雀石原石摆件
（图片来源：国家岩矿化石标本资源共享平台，
www.nimrf.net.cn）

图 3-10　肾状孔雀石集合体
（图片来源：Rob Lavinsky, Wikimedia Commons,
CC BY-SA 3.0 许可协议）

图 3-11　产自美国亚利桑那州的青孔雀石矿物集合体
（图片来源：Rob Lavinsky, Wikimedia Commons,
CC BY-SA 3.0 许可协议）

二、孔雀石成品的质量评价

孔雀石具有绮丽多姿的天然造型及丰富多彩的纹带图案，韵律自然，耐人寻味。因同时具颜色、条带和花纹之美，孔雀石常被制作成珠宝首饰，如戒面、珠串、吊坠等，其质量可以从颜色、质地、纹理、块度等方面进行评价。

（一）颜色

孔雀石的颜色以孔雀绿色为最佳，浅绿色、墨绿色、灰绿色等次之。孔雀石常集翠绿色、蓝绿色、浅绿色等多种颜色纹理于一体，更衬托出其外观的立体美和自然美（图3-12）。

（二）质地

上等品质的孔雀石质地细腻、结构致密，并且无孔洞。孔雀石质地较差者，结构较疏松，出现空洞，其硬度和密度偏低。

（三）纹理

品级越上乘的孔雀石，其条带越细腻清晰，纹理越具美感与特色。由于孔雀石的纹理多变，其放射纤维状和同心绿色环带状花纹（图3-13）构成了丰富多样的图案，因此很难找到两块花纹完全相同的孔雀石。

图 3-12　孔雀石珠串毛衣链和手链套装
（图片来源：陈晴提供）

图 3-13　孔雀石胸坠及珠串
（图片来源：陈晴提供）

（四）块度

在其他条件相当的情况下，块度越大，孔雀石的价值越高。

三、孔雀石矿晶观赏石的质量评价

孔雀石造型独特者可作为观赏石，被誉为"凝固的哲理、立体的画、无声的诗"，质丽天成是它最基本的属性。对孔雀石观赏石的评估鉴赏，主要看"形、纹、质、色"等因素。

（一）"形"

孔雀石观赏石的"形"，是指孔雀石矿体由于凝固结晶天然形成的外部形态，未经雕琢即具艺术韵味。由于形成环境及其介质条件的变化，孔雀石千姿百态，原石的形态有钟乳状、柱状、葡萄状（图3-14）、肾状、皮壳状、放射状集合体等。孔雀石的天然形态可神似苍松丛林（图3-15）、奇峰异洞，越能体现大自然的鬼斧神工之妙，就具有越高的观赏价值。

图3-14　葡萄状孔雀石原石摆件
（图片来源：国家岩矿化石标本资源共享平台，
www.nimrf.net.cn）

图3-15　产自刚果加丹加省似丛林石笋状孔雀石
（图片来源：Rob Lavinsky，Wikimedia Commons，
CC BY-SA 3.0许可协议）

（二）"纹"

孔雀石观赏石以具有清晰细腻的条带、美丽独特的纹路图案为上乘。条带的宽细、颜色的深浅、纹路的走向，自然搭配，组合成画，表现出孔雀石特有的内涵与意境。因此，品质好的"纹"应当明亮清晰、韵律回旋，给人以明快流畅之感（图3-16、图3-17）。

图 3-16　孔雀石独特的同心环状纹理
（图片来源：国家岩矿化石标本资源共享平台，
www.nimrf.net.cn）

图 3-17　产自刚果科卢韦齐的双钟乳状孔雀石
呈同心环状纹理
（图片来源：Rob Lavinsky, Wikimedia Commons,
CC BY-SA 3.0 许可协议）

（三）"质"与"色"

孔雀石观赏石的"质"与"色"同样是很重要的评价因素。质地细腻、坚硬者品质优等，整体颜色以鲜艳纯正为最佳。另外，钟乳状、葡萄状的孔雀石原石可具丝绢光泽，表面毛绒使其在光源下呈现"银圈幻光"的现象（图 3-18），增加了孔雀石原石的观赏价值。

图 3-18　孔雀石原石可见"银圈幻光"现象
（图片来源：国家岩矿化石标本资源共享平台，www.nimrf.net.cn）

第五节

孔雀石的产地与成因

孔雀石的产地很多，国外著名产地主要有非洲的赞比亚、津巴布韦、纳米比亚、刚果（金）及澳大利亚、美国、法国、智利、英国和罗马尼亚等。

我国的孔雀石主要产于广东、湖北、江西、内蒙古、甘肃、西藏和云南等地。其中产于广东省阳春市石菉铜矿的阳春孔雀石和湖北大冶铜绿山的铜绿山孔雀石最为著名。

孔雀石是由原生含铜硫化物经氧化作用、淋滤作用和化学沉淀作用而形成的一种次生含铜碳酸盐矿物，主要形成和赋存于围岩为碳酸盐岩的矽卡岩型铜矿床的氧化带中，常与蓝铜矿、赤铜矿、自然铜等含铜矿物共（伴）生（图3-19）。

图3-19　产自美国亚利桑那州哈勒罗（Halero）矿区与蓝铜矿共生的孔雀石

（图片来源：Rob Lavinsky，iRocks.com，Wikimedia Commons，CC BY-SA 3.0 许可协议）

第六节

孔雀石的加工和市场

一、孔雀石的加工

孔雀石具亮丽的颜色和独特的花纹，常将其抛磨成平面，制成项链、胸针等首饰，块体大者可制成雕件（图 3-20），质量上乘的较厚块料可制作印章，造型独特美观者可作为观赏石（图 3-21），边角料可加工成圆珠制成项链或手串（图 3-22）等。值得注

图 3-20　孔雀石叶广罗汉山子（清代中期）
（图片来源：Wikimedia Commons，CC0 许可协议）

图 3-21　孔雀石观赏石摆件

图 3-22　孔雀石珠串

意的是，由于孔雀石性脆、不够坚韧，其雕件不追求纤细和玲珑，而多是体现其颜色、条带和花纹之美的厚重作品，所以在加工过程中应着重考虑孔雀石本身的纹理走向，选择最佳的方向琢磨，以便充分展现其美丽的花纹图案，提高孔雀石的观赏性和价值。

二、孔雀石的市场

孔雀石较早就进入了中国市场，起初其价格相对较低。随着对孔雀石认识的深入，人们被其艳丽的孔雀绿色及与生俱来的天然纹理所吸引。孔雀石在珠宝玉石中作为少有的装饰性强的玉石，受到了许多知名建筑师和设计师的青睐，也逐渐获得了人们的喜爱，市场价格一直稳步抬升。随着国内外浅部铜矿的大量采掘，产于地表铜矿氧化带中的孔雀石资源日趋枯竭，伴随孔雀石收藏之风日益兴盛，预计其价格将会继续上涨。

第四章
Chapter 4
欧泊

欧泊，矿物名称为蛋白石，因盛产于澳大利亚而俗称"澳宝"。欧泊色彩绚丽，具有特殊的变彩效应（图4-1），古罗马自然科学家盖乌斯·普林尼·塞孔都斯（Gaius Plinius Secundus，公元23—79年）曾这样描述道："在一块欧泊上面，你可以看到红宝石的烈焰、蓝宝石的深沉、祖母绿的青翠、托帕石的亮黄及紫水晶的魅紫，"因此它也被誉为"集宝石之美于一身"的宝石。欧泊作为金秋十月的生辰石之一，象征着希望、喜悦、安乐和健康。

图4-1　高品质黑欧泊胸坠及欧泊原石

第一节

欧泊的历史与文化

一、欧泊的名称由来

欧泊的英文名称为 Opal，是由拉丁语 opalus 或梵文 upala 演变而来，意为"珍贵的石头"，中文名称欧泊则是 Opal 的音译。

二、欧泊的历史与文化

古罗马人把欧泊称为"丘比特之子"，认为它是爱和希望的象征；古希腊人认为欧泊具有超自然的神奇力量，可以预见未来；阿拉伯人则坚信，欧泊源自宇宙苍穹，是闪电的化身；欧洲人认为欧泊是希望、纯洁和真理的象征。

早在文艺复兴时期，英国皇室就开始关注欧泊。莎士比亚（William Shakespeare，1564—1616 年）在《第十二夜》中写道："欧泊可谓是一种奇迹，堪称宝石的皇后。"艺术家将欧泊比作"画家的调色板"，用满富诗意的语言描述道："当自然点缀完花朵，给彩虹着上色，把小鸟的羽毛染好，然后把调色板上的颜料扫下来浇铸，色彩斑斓的欧泊就形成了。"

19 世纪末，澳大利亚新南威尔士州发现了大量的欧泊矿，引起了人们的广泛关注，欧泊的地位甚至一度能与钻石并驾齐驱；20 世纪初，美国珠宝商协会（American National Association of Jewelers，现名 Jewelers of America）将欧泊定为十月的生辰石，国际著名珠宝品牌卡地亚（Cartier）、蒂芙尼（Tiffany & Co.）等都相继推出了名贵的欧泊首饰（图 4-2），开启了欧泊的流行时代。

图 4-2　路易斯·康福特·蒂芙尼（Louis Comfort Tiffany）于 1929 年设计的欧泊项链
（图片来源：Greyloch，flickr.com，CC BY-SA 2.0 许可协议）

第二节

欧泊的宝石学特征

一、欧泊的基本性质

（一）矿物组成

欧泊的主要组成矿物为蛋白石，还有少量石英、黄铁矿等次要矿物。

（二）化学成分

蛋白石的化学成分为 $SiO_2 \cdot nH_2O$，SiO_2 的质量分数为 80% ~ 90%，H_2O 的质量分数不定，一般为 4% ~ 9%，最高可达 20%。

（三）结晶学特征

欧泊为非晶质体，局部可见晶质体，通常呈块状、葡萄状、钟乳状或皮壳状产出（图 4-3）。

图 4-3　欧泊原矿石

（图片来源：国家岩矿化石标本资源共享平台，www.nimrf.net.cn）

（四）内部结构

欧泊属于非晶质体，是由近于等大的、直径 150 ~ 300 纳米的二氧化硅和水组成的球体在三维空间规则排列、紧密堆积而成（图 4-4、图 4-5）。欧泊的结构中，任意一个二氧化硅小球周围都有六个八面体空隙和八个四面体空隙，这样的结构形成了最典型的天然三维光栅，使得欧泊的颜色随着光源或观察角度的变化而变化，产生变彩效应。

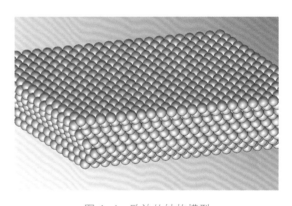

图 4-4　欧泊的结构模型

（图片来源：Dpulitzer, Wikimedia Commons, CC BY-SA 3.0 许可协议）

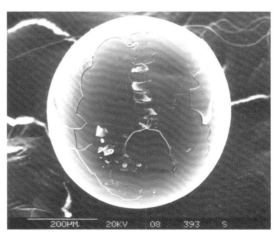

图 4-5　欧泊二氧化硅球体的扫描电镜图像

（图片来源：Hannes Grobe, Wikimedia Commons, CC BY-SA 3.0 许可协议）

二、欧泊的物理性质

（一）光学性质

1. 颜色

欧泊可出现多种体色，常见的有黑色、白色、灰色、橙色、红色、蓝色、绿色、棕色等。

2. 光泽

欧泊具玻璃光泽，有时为树脂光泽。

3. 透明度

欧泊为透明至不透明。

4. 折射率

欧泊的折射率为 1.450（+0.020，−0.080），通常为 1.42 ~ 1.43（点测），火欧泊可低至 1.37。

5. 光性

欧泊为均质体，火欧泊在偏光镜下常见异常消光。

6. 紫外荧光

黑色或白色体色的欧泊在紫外灯下可见无至中等强度的白色、浅蓝色、绿色或黄色荧光，可有磷光；火欧泊在紫外灯下可见无至中等强度的绿褐色荧光，可有磷光。

7. 特殊光学效应

欧泊可具有变彩效应、猫眼效应和星光效应三种特殊光学效应。

图 4-6　欧泊的变彩效应

（图片来源：Assignment Houston One，Wikimedia Commons，CC BY-SA 2.5 许可协议）

变彩效应在欧泊中较为常见（图 4-6）。欧泊是由近于等大的二氧化硅球体紧密堆积而成，这样的结构形成了典型的天然三维光栅，光在这种三维光栅中发生干涉、衍射，产生颜色，且颜色随着光源或观察角度的变化而变化，整体表现为变彩效应。

猫眼效应在欧泊中较为少见（图 4-7），星光效应更是罕见（图 4-8）。当欧泊具有几组密集、平行定向排列的纤维状、针管状、片状包体或某些特殊的结构时，光可在二氧化硅球体堆积排列的结构中形成星光效应。2014 年，泰国学者瓦苏拉（Wasura Soonthorntantikul）对星光欧泊进行放大检查，在其内部发现具有变彩效应的大型交叉平行层构成了一个六边形的图案（图 4-9）。

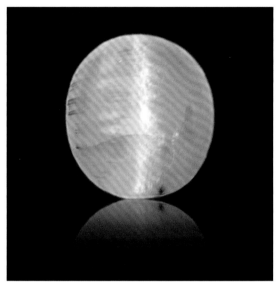

图 4-7　产自马达加斯加的浅黄色欧泊猫眼

（图片来源：www.gemselect.com）

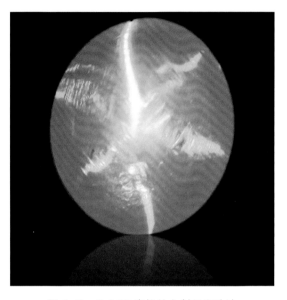

图 4-8　重 2.39 克拉的六射星光欧泊

（图片来源：Wasura Soonthorntantikul，2014）

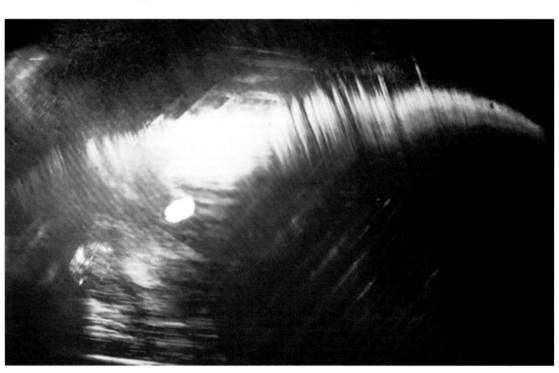

图 4-9　星光欧泊的六边形交叉平行层

（图片来源：Wasura Soonthorntantikul，2014）

（二）力学性质

1. 摩氏硬度

欧泊的摩氏硬度为 5 ~ 6。

2. 密度

欧泊的密度为 2.15（+0.08，−0.90）克／厘米^3。

3. 解理及断口

欧泊无解理，具贝壳状断口。

（三）其他性质

欧泊脆性强，且受热易失水，在日常佩戴时要尽量避免外力冲击及高温，并在存放时保持湿度，以增强欧泊的耐久性。

三、包裹体特征

欧泊的色斑呈不规则片状，边界平坦且过渡自然，表面呈丝绢状外观，可含有两相或三相的气液包体、黑色针状角闪石、红褐色针状针铁矿、八面体萤石、无色管柱状石英（图 4-10）及极细小的石墨、黄铁矿（图 4-11）等矿物包体。

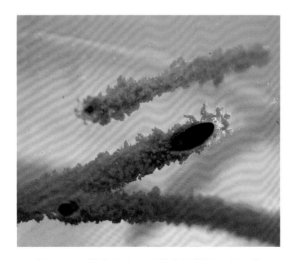

图 4-10　埃塞俄比亚欧泊中的管状石英包体
（图片来源：Benjamin Rondeau，2010）

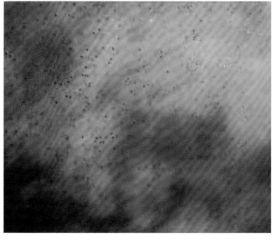

图 4-11　埃塞俄比亚欧泊中的黄铁矿包体
（图片来源：Mary L. Johnson，1996）

第三节

欧泊的优化处理、合成、相似品与仿制品

一、欧泊的优化处理及其鉴别

（一）拼合处理

自然界产出的欧泊有时非常薄，并不能单独作为宝石使用，人们常将一层贵欧泊粘在一层普通欧泊或黑曜石、玉髓等其他深色矿石上，形成欧泊二层石（Doublet）（图 4-12），或在欧泊二层石的顶部，增加一层无色透明的水晶或玻璃顶层，来增强它的坚固性，形成欧泊三层石（Triplet）（图 4-13）。

在强顶光下放大检查，可见拼合欧泊侧面有平直的接合线，接合线两侧材质的颜色、光泽都不相同，接合面上有时可见球状或扁平状的气泡。欧泊三层石的顶部折射率高于欧泊，在灯光照射下显现一道阴影，从侧面观察不显变彩。

图 4-12 欧泊二层石

图 4-13 欧泊三层石
（图片来源：LZ6387，Wikimedia Commons，CC BY-SA 4.0 许可协议）

（二）改色处理

欧泊的改色处理方法有：糖酸处理、烟处理、染色处理等。脉石欧泊常为乳白色且表面多孔，常见用糖酸处理法染色仿制黑欧泊；水欧泊表面多孔且易失水，常见用烟熏法染黑色仿制的黑欧泊，或用染色剂染成紫色、橙色，仿制的火欧泊。

1. 糖酸处理

糖酸处理始于 1960 年，其方法是先将欧泊浸泡于热的糖溶液中，然后置于浓硫酸中，最后用碳酸盐溶液漂洗，从而使碳沉淀在欧泊的裂纹和孔隙中，产生暗色背景。糖酸处理的欧泊放大观察可见粒状结构，色斑局限在表面并呈破碎的小块状分布，球粒或彩片的孔隙中聚集有小黑点状碳质染剂，呈典型的"胡椒粉状"分布。

2. 烟处理

烟处理法是用纸把欧泊包好，加热直到纸冒烟，这样可使碳直接附着于孔隙中，产生黑色背景，但这种黑色仅局限于表面，用针尖触碰可见黑色物质剥落，手摸有黏感。

3. 染色处理

将孔隙度相对较大的水欧泊浸泡在添加有表面活性剂或颜料超分散剂的化学颜料溶液中上色，可将其染成紫色、橙色等，用于仿制火欧泊。染色处理的欧泊在高倍显微镜下观察，常见颜色分布不均，在边缘、刮痕或凹坑处有色素富集现象。

（三）注塑处理

在天然欧泊里注入塑料，使其呈暗色的背景。这种欧泊密度较低，约为 1.90 克／厘米^3，可见黑色集中的小块，比天然欧泊透明度高，用热针触及可有塑料燃烧的辛辣味。红外光谱检查将显示有机质引起的吸收峰。

（四）注油处理

将欧泊加热到 80℃，放置在真空条件下的热油中，连续加热 15 ~ 20 分钟使其吸油，之后取出用干布清洁干净，在室温下晾干。注油处理可以提升欧泊的透明度，掩盖其裂隙，但是会减弱欧泊的变彩，注油处理欧泊可能显蜡状光泽，热针检查时有油渗出，红外光谱检测可见 5670 波数、5789 波数、5860 波数的吸收峰。

（五）镀膜处理

在欧泊表面镀上一层丙烯酸薄膜，可掩盖欧泊的裂隙，增强它的颜色和变彩（图 4-14）。镀膜欧泊的折射率、相对密度都小于天然欧泊，显微观察在未抛光处可见 60 ~ 90 微米的涂层（图 4-15），表面可见划痕、凹坑（图 4-16），红外光谱检测可有 2926 波数、1929 波数、1451 波数、1159 波数等多个有机质涂层的吸收峰。

图 4-14　镀膜火欧泊
（图片来源：Han W, 2014）

图 4-15　镀膜欧泊切面可见 60 ~ 90
微米的涂层
（图片来源：Han W, 2014）

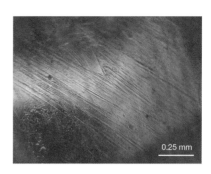

0.25 mm

图 4-16　镀膜欧泊的表面划痕与凹坑
（图片来源：Han W, 2014）

二、合成欧泊及其鉴别

自 1974 年吉尔森首次合成欧泊以来，合成黑欧泊、合成白欧泊、合成火欧泊（图 4-17）等不断在市场上涌现，虽然合成方法的细节保密，但一般认为，合成欧泊的形成时间为 10 个月，包括 4 个阶段：①形成单分散的氧化硅颗粒；②通过沉积或离心作用使"原始"欧泊沉淀；③采用高压超临界干燥法去除空隙中的液体，使"原始"欧泊干燥；④在高温下进行烧结，用硅胶充填欧泊的孔隙，使其成为整体的宝石。

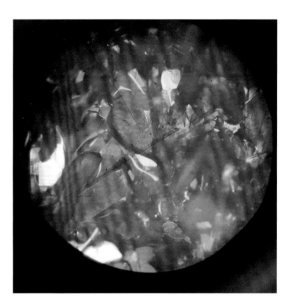

图 4-17　宝石显微镜下的合成火欧泊
（图片来源：Lianaboo3, Wikimedia Commons,
CC BY 4.0 许可协议）

可通过变彩与显微结构、发光性、红外光谱等特征对合成欧泊进行鉴定。

变彩与结构：天然欧泊的色斑为二维的不规则片状，边界平坦且较模糊；而合成欧泊的色斑边界呈镶嵌状结构，每个镶嵌块内可显示"蜥蜴皮"结构，从侧面观察往往呈柱状排列，具有三维形态。

发光性：大多数天然欧泊在长波紫外灯下可见较强的白色—浅蓝色荧光，并可有磷光，而合成欧泊在短波紫外灯下的荧光比长波下强，且几乎没有磷光。

红外光谱：天然欧泊的红外光谱图基本相似，在 5350 ~ 5000 波数区间有极强的吸

收带，在 4600 ～ 4300 波数附近常出现较弱的吸收，4000 波数以下全吸收，而合成欧泊在水分子振动区域与天然欧泊具有明显差异（图 4-18）。

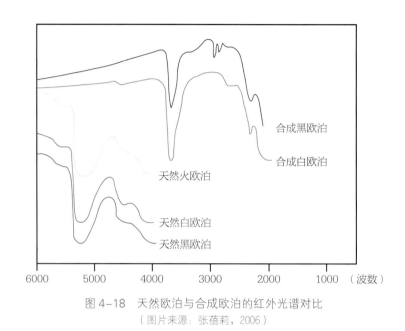

合成黑欧泊
合成白欧泊
天然火欧泊
天然白欧泊
天然黑欧泊

6000　5000　4000　3000　2000　1000　（波数）

图 4-18　天然欧泊与合成欧泊的红外光谱对比
（图片来源：张蓓莉，2006）

三、欧泊的相似品及其鉴别

与欧泊相似的宝玉石品种主要有拉长石、火玛瑙、彩斑菊石等，可以从特殊光学效应、折射率、光性、相对密度、显微特征等方面进行鉴别（见本书附表），欧泊最典型的鉴定特征为具变彩效应，折射率 1.45，属均质体，密度 2.15 克 / 厘米 ^{3}，放大检查可见色斑呈不规则片状，边界平坦且过渡自然。

四、欧泊的仿制品及其鉴别

欧泊最常见的仿制品有塑料和玻璃，可通过光性、力学性质的测试以及内部包裹体特征的观察等将欧泊与其仿制品进行区分。

塑料仿制品又称"类欧泊"，其在正交偏光镜下可见异常消光，折射率为 1.48 ～ 1.53，相对密度为 1.20，摩氏硬度 2.5，用手触摸有温感，放大可见内部有气泡，热针检测有异味；玻璃仿制品又称"斯洛卡姆石"，其折射率为 1.49 ～ 1.52，相对密度为 2.30 ～ 4.50，摩氏硬度 5 ～ 6，放大可见内部有气泡、长条状或片状的边缘整齐的彩片。

第四节
欧泊的品种与质量评价

一、欧泊的品种

欧泊的种类繁多，常根据其产状，即有无附着物分类为原欧泊、砾背欧泊、脉石欧泊和化石欧泊，或根据其体色、透明度分类为黑欧泊、白欧泊、火欧泊、晶质欧泊和蛋白石。

（一）按产状划分

1. 原欧泊

原欧泊是指无任何非欧泊物质附着的欧泊。

2. 砾背欧泊

砾背欧泊是指在铁矿石或玄武岩、石英岩、深褐色砂岩等母岩表面生长的欧泊（图4-19）。砾背欧泊多呈薄层状，具有相对平整的表面，可完整地从母岩上切下，又称"铁欧泊"。砾背欧泊主要产于澳大利亚昆士兰州。

3. 脉石欧泊

脉石欧泊是指在铁矿石或玄武岩、石英岩、深褐色砂岩等母岩的裂隙或脉纹中呈脉状、管状生长的欧泊（图4-20、图4-21）。脉石欧泊与母岩互相渗透，形成各式各样独特而美丽的图画，由于无法单独分割，常将其整体切片，

图4-19　产自澳大利亚昆士兰州的砾背欧泊
（图片来源：JJ Harrison, Wikimedia Commons, CC BY-SA 3.0许可协议）

69

 *Opal*

图 4-20 产自澳大利亚昆士兰州的脉石欧泊
（图片来源：JJ Harrison, Wikimedia Commons, CC BY-SA
2.5 许可协议）

又称"图片石"（图 4-22）。脉石欧泊的主要产地有澳大利亚安达穆卡地区和昆士兰及洪都拉斯等。

4. 化石欧泊

化石欧泊是一种古生物化石，是指古动植物死亡埋藏后，其骨骼、贝壳、松果等部位会被外界介质逐渐侵蚀或者风化形成空隙和空穴，含有二氧化硅的溶液慢慢渗入这些空隙和空穴中，经过沉淀、脱水、固结作用，最后形成保留原来生物组成部分形状的欧泊。可以分为动物化石欧泊和植物化石欧泊两种类型，常见贝壳、箭石遗骸欧泊化（图 4-23、图 4-24）。化石欧泊主要产于澳大利亚。

图 4-21 脉石欧泊
（图片来源：Wikimedia Commons, Public Domain）

图 4-22 图片石（脉石欧泊）

（二）按体色、透明度划分

1. 黑欧泊

黑欧泊泛指具黑色、蓝色、深灰色等深色底色的、半透明到不透明的、具变彩效应的欧泊（图 4-25）。黑欧泊是欧泊中的名贵品种，又称"深色欧泊"，深浓的底色将其变彩衬托得极其绚丽，加之产量稀少，故黑欧泊价值较高（图 4-26）。黑欧泊的主要产地有澳大利亚新南威尔士州闪电岭矿区和昆士兰州的温顿等。

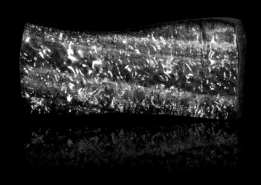

图 4-23　产自澳大利亚的 11000 万～ 6500 万年前的
双壳类贝壳化石欧泊

图 4-24　产自澳大利亚的箭石化石欧泊

图 4-25　黑欧泊原石

图 4-26　黑欧泊配钻石戒指
（图片来源：Danmekis，Wikimedia
Commons，CC BY-SA 3.0 许可协议）

 *Opal*

2. 白欧泊

　　白欧泊是指具白色或浅灰色底色的，透明至半透明的，具变彩效应的欧泊（图4-27～图4-29）。白欧泊是最常见的欧泊品种，又称"浅色欧泊"，浅色基底使白欧泊的变彩通常不是很强，其价值往往不高。白欧泊的主要产地有澳大利亚的安达穆卡（Andamooka）、库伯佩迪（Coober Pedy）、怀特克利夫斯（White Cliffs）、约瓦赫（Yowah），以及巴西的皮奥伊（Piauí）州和美国的俄勒冈州。

图 4-27　白欧泊原石　　　　　　　　　　　　图 4-28　白欧泊原石
（图片来源：James St. John，flickr.com，CC BY 2.0 许可协议）

图 4-29　白欧泊蜂鸟胸针

3. 火欧泊

火欧泊泛指具棕色、黄色、橙色或红色底色的，透明到半透明的，不具或具少量变彩效应的欧泊（图4-30）。火欧泊又称"墨西哥欧泊"，其密度、折射率均低于其他欧泊，一般不见变彩效应，偶在强光下显现闪亮变彩。火欧泊的主要产地有墨西哥（图4-31）、危地马拉、洪都拉斯、美国和澳大利亚。

图4-30　异形火欧泊

图4-31　产自墨西哥的火欧泊戒面
（图片来源：LZ6387，Wikimedia Commons，
CC BY-SA 4.0 许可协议）

4. 晶质欧泊

晶质欧泊泛指无色透明—半透明的具变彩效应的欧泊。欧泊为非晶质体，晶质欧泊所用的"晶质"是指其如水晶般的透明度，并非结晶的晶质体。晶质欧泊水润透亮，可具深色、浅色等比较丰富的体色。在晶质欧泊中，含水量较少、性质比较稳定者，又称"水晶欧泊"，多产于澳大利亚；含水量较高者则常易受热失水变干变白，又称"水欧泊"（图4-32、图4-33），多产于埃塞俄比亚、洪都拉斯。

图4-32　产自埃塞俄比亚的水欧泊
（图片来源：James St.John，flickr.com，CC BY 2.0许可协议）

图4-33　水欧泊戒面

5. 蛋白石

蛋白石泛指呈蓝色、绿色、粉红色（图4-34）或奶油色色调，且不具有变彩效应的半透明到不透明的欧泊，主要产于秘鲁、美国、津巴布韦和南非，当内部含有深色树枝状包体时又称为"树枝欧泊"。

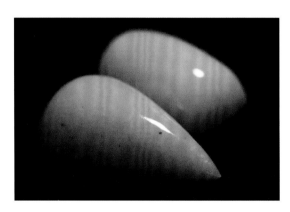

图4-34　粉色蛋白石

二、欧泊的质量评价

欧泊的质量评价主要从体色、变彩、净度和大小四个方面进行。

体色是评价欧泊质量的重要因素之一，色调、饱和度、透明度共同决定了欧泊的体色。欧泊的体色有黑色、深色和浅色，通常情况下，黑欧泊（图4-35～图4-37）比白欧泊价值更高。

图4-35　高品级黑欧泊胸坠

图4-36　高品级黑欧泊戒指、耳环套装
（图片来源：Omi Privé，omiprive.com）

图 4-37　设计新颖的黑欧泊蝴蝶形胸针及欧泊原石

变彩是影响欧泊质量的另一个重要因素，变彩的颜色、亮度、图案共同决定了其变彩品质的高低。变彩色斑的颜色依蓝色、绿色、黄色、橙色、红色，其价值逐渐增高；颜色组合可有单色、双色和多色，颜色越丰富、亮度越高，其价值也越高；一般情况下，带有耀眼的、饱和度高的红色的多色变彩为最优，而绿蓝色和蓝绿色变彩则价值相对较低（图 4-38 ~ 图 4-40）。此外，当欧泊的彩斑能够形成特殊图案时，其价值根据图案的罕见程度相应地增加，如具有"小丑""稻草""丝带"等图案的欧泊价值都非常高（图 4-41）。

此外，欧泊中明显的裂痕和其他杂色包体将影响其耐久性和美观度。当其他因素品质基本相同时，欧泊越重，价值越高。

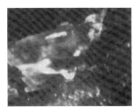  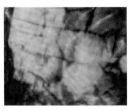 

a　蓝色单色变彩　　　　b　红色单色变彩　　　　c　蓝绿双色变彩　　　　d　带红色的多色变彩

图 4-38　欧泊的常见变彩
（图片来源：Downing P B, 2003）

图 4-39　具多色变彩效应高品质黑欧泊戒指　　　　图 4-40　产自澳大利亚重达 25.5 克拉的白欧泊胸针

（图片来源：Omi Privé，omiprive.com）　　　　　（图片来源：Doxymo，Wikimedia Commons，

CC BY-SA 4.0 许可协议）

图 4-41　具特殊图案彩斑的高品质欧泊

（图片来源：Omi Privé，omiprive.com）

第五节

欧泊的产地与成因

一、欧泊的产地

欧泊产地较多，主要有澳大利亚、墨西哥、埃塞俄比亚、美国等，在捷克、加拿大、斯洛伐克、匈牙利、土耳其、印度尼西亚、巴西、洪都拉斯、危地马拉、尼加拉瓜等国家也有少量产出。

澳大利亚是最重要的欧泊产地。新南威尔士州的闪电岭（Lightning Ridge）矿区主要产出优质的黑欧泊；南澳大利亚州的库伯佩迪、安达穆卡、明特比（Mintabie）、莱比纳（Lambina）等矿区主要产出晶质欧泊、脉石欧泊；昆士兰地区的温顿（Winton）、奎尔皮（Quilpie）矿区主要产出砾背欧泊。

墨西哥欧泊矿区分布在墨西哥克雷塔罗州（Querétaro）的科隆（Colón）、特基斯基亚潘（Tequisquiapan）和埃塞基耶尔蒙特斯（Ezequiel Montes）山脉，以盛产火欧泊、晶质欧泊而闻名（图4-42）。埃塞俄比亚欧泊矿区，主要产出黑欧泊、白欧泊、

第五节　欧泊的产地与成因

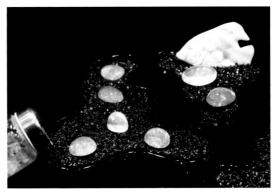

图4-42　产自墨西哥的欧泊展品

深棕色欧泊等，且该地产出的欧泊常具有网格状结构。美国的欧泊矿区分布在内华达州、俄勒冈州、爱达荷州等地，主要产出黑欧泊、晶质欧泊、白欧泊、火欧泊等。

二、欧泊的成因

欧泊是在表生环境下由硅酸盐矿物风化产生的二氧化硅胶体溶液凝聚而成，或在热液中由二氧化硅沉淀形成的玉石，主要矿床类型有风化沉积岩型和火山热液型。其中，澳大利亚欧泊多数产出于沉积岩型矿床，墨西哥和美国的欧泊以热液型矿床为主，主要产于硅质火山熔岩溶洞中，埃塞俄比亚的欧泊主要以结核状产于曼斯基夏（Menz Gishe）地区的流纹岩的风化层中。

第五章
Chapter 5
菱锰矿

　　菱锰矿因其独特的色彩和晶体形态，近年来成为宝石界和矿物晶体收藏界的一枚翘楚。宝石级的菱锰矿集合体的商贸俗称为"红纹石"，其颜色红白相间，犹如玫瑰花的层层花瓣，因此有"印加玫瑰"（Inca Rose）的美称，并被阿根廷作为其"国石"。

第一节
菱锰矿的历史与文化

一、菱锰矿的名称由来

菱锰矿的英文名称为 Rhodochrosite，于 1813 年由德国矿物学家约翰·豪斯曼（Johann Hausmann）首次命名，名称来源于希腊语中的 Rhodon 和 Chrosis，具有玫瑰和颜色之意，形象地描述了菱锰矿特殊的玫瑰红色。

二、菱锰矿的历史与文化

菱锰矿于 13 世纪在印加帝国（Inca Empire）境内的一座银矿中被发现。16 世纪印加帝国衰落之后，这座矿山逐渐被人们所遗忘。直至 1938 年，德国人弗伦茨·曼斯费尔德（Franz Mansfield）再次发现这座矿山，并且发现一处埋藏大量菱锰矿等殡葬珠宝的印加陵墓。

在安第斯山脉的印第安人心中，菱锰矿是神圣而不可冒犯的。相传，在安第斯山脉深处的洞穴中有一颗心形的巨型菱锰矿，印第安人认为它是地球母亲的"心脏"，是古代统治者的血液化成了这种鲜红色的宝石，在数千年的历史中守护着印加的子孙后代。

迄今发现的世界最大的菱锰矿矿物单晶体名为"阿尔玛王"（The Alma King）（图 5-1），自

图 5-1 "阿尔玛王"菱锰矿矿物单晶体
（图片来源：Christopher Wentzell, www.mindat.org）

形完美的菱面体理想晶体实属罕见，产于美国科罗拉多州阿尔玛附近的甜屋矿区（The Sweet Home Mine），现陈列于美国丹佛自然科学博物馆。

第二节

菱锰矿的宝石学特征

一、菱锰矿的基本性质

（一）矿物名称

菱锰矿的矿物名称为菱锰矿（Rhodochrosite），属方解石族矿物。

（二）化学成分

菱锰矿的晶体化学式为 $MnCO_3$，可含铁（Fe）、钙（Ca）、锌（Zn）、镁（Mg）等元素，有时也可含有少量的镉（Cd）、钴（Co）等元素，当铁、钙、锌的含量较高时，可形成铁菱锰矿、钙菱锰矿、锌菱锰矿等变种。菱锰矿与同族矿物之间存在广泛的类质同象置换，其中，菱锰矿 $MnCO_3$ 与方解石 $CaCO_3$、菱锰矿 $MnCO_3$ 与菱铁矿 $FeCO_3$、菱锰矿 $MnCO_3$ 与菱锌矿 $ZnCO_3$ 各自构成完全类质同象系列。

（三）晶系及结晶习性

菱锰矿属中级晶族，三方晶系。菱锰矿的晶体呈菱面体状（图5-2、图5-3），其主要单形为菱面体、六方柱和平行双面，晶面常呈弯曲状。菱锰矿除单晶体外，还常呈多晶质集合体产出。

（四）结构构造

热液成因的菱锰矿多呈显晶质，为粒状或柱状结构；沉积成因的菱锰矿呈结核状、鲕状、肾状、土状产出，隐晶质结构，条带状、层纹状等构造。

（五）晶体结构

菱锰矿的晶体结构属方解石型结构。结构中的 $(CO_3)^{2-}$ 平面三角形垂直三次轴成层

图 5-2　菱锰矿菱面体晶体
（图片来源：Michael C. Roarke, www.mindat.org）

图 5-3　菱锰矿菱面体晶体
（图片来源：Michael C. Roarke, www.mindat.org）

排布。Mn^{2+} 同样垂直于三次轴方向成层排列，并与 $(CO_3)^{2-}$ 三角形交替分布，与六个 O^{2-} 成键，配位数为 6，形成 [MnO_6] 八面体。菱锰矿的 $r\{10\overline{1}1\}$ 方向，即菱面体解理方向，为结构电价中和面，结合力较弱，沿该方向可产生三组完全解理。

二、菱锰矿的物理性质

（一）光学性质

1. 颜色

菱锰矿单晶体通常呈现深浅不同的玫瑰红色，有时可呈深红色。集合体的颜色多为粉红色（图 5-4），通常粉红底色上可有白色、灰色、褐色或黄色条纹，俗称"红纹石"（图 5-5）。菱锰矿的主要致色元素为 Mn^{2+}，铁、钙元素的存在，使其颜色有所变化。

图 5-4　粉红色菱锰矿集合体手串
（图片来源：徐丹丹提供）

图 5-5　菱锰矿集合体（"红纹石"）手串
（图片来源：杨柏提供）

当 Ca^{2+} 含量增高时，颜色变浅；当有 Fe^{2+} 代替 Mn^{2+} 时，颜色带有黄色或褐色色调。

2. 光泽

菱锰矿为玻璃光泽至亚玻璃光泽。

3. 透明度

菱锰矿晶体为透明至半透明；集合体通常为半透明至不透明。

4. 折射率与双折射率

菱锰矿的折射率为 1.597 ~ 1.817（±0.003），点测法常测值为 1.60；双折射率为 0.220。折射率随成分中 Ca^{2+} 含量的增高而降低，随 Fe^{2+} 含量的增高而升高。

5. 光性

菱锰矿单晶体为一轴晶，负光性；多晶为非均质集合体。

6. 多色性

菱锰矿晶体具有中等—强的多色性，表现为橙黄色／红色。

7. 吸收光谱

菱锰矿由锰元素致色，呈现锰吸收光谱，表现为 410 纳米、450 纳米和 540 纳米弱吸收带（图 5-6）。

图 5-6　菱锰矿的吸收光谱

8. 紫外荧光

菱锰矿在长波紫外灯下可见无至粉色的中等荧光，短波可见无至红色的弱荧光。

9. 特殊光学效应

菱锰矿可具猫眼效应和星光效应，但是极为罕见。

（二）力学性质

1. 摩氏硬度

菱锰矿的摩氏硬度为 3 ~ 5。

2. 密度

菱锰矿的密度为 3.60（+0.10，-0.15）克／厘米^3。

3. 解理及断口

菱锰矿晶体具有 {1011} 三组菱面体完全解理，偶尔具 {0112} 裂开；集合体解理通常不可见。断口呈参差状或贝壳状。

三、其他

菱锰矿遇冷盐酸起泡。

第三节

菱锰矿的优化处理与相似品

一、菱锰矿的优化处理及其鉴别

菱锰矿常见的优化处理方法为充填处理。用蜡或塑料等材质灌注其裂隙，使其具有更佳的坚固性，同时改善其外观。鉴别菱锰矿是否经过充填处理的常用方法为：放大检查可见充填部分表面光泽与主体玉石有差异，充填处可见气泡，发光图像分析（如紫外荧光观察仪等）可观察到充填物的分布状态，红外光谱测试显示充填物的特征峰。

二、菱锰矿的相似品及其鉴别

菱锰矿分为单晶体菱锰矿和集合体菱锰矿。与单晶体菱锰矿相似的宝石品种为锰方解石，可根据荧光性将两者区分。与集合体菱锰矿相似的宝玉石品种为蔷薇辉石，可根据颜色、摩氏硬度和解理等特性进行鉴别（见本书附表）。菱锰矿的典型特征为颜色呈鲜亮的玫瑰红色、硬度较低、与酸会发生剧烈反应。

第四节

菱锰矿的质量评价

菱锰矿一般可以分为矿物单晶、矿物晶簇和多晶质集合体三种，对三者的评价可以从颜色、透明度、净度和重量方面进行。

对于菱锰矿矿物单晶而言，晶形完整理想，颜色呈鲜亮的玫瑰红色，透明度高，内部裂纹、杂质较少，晶体块度大者为优（图5-7、图5-8）。但是由于天然菱锰矿硬度较低，刻面型菱锰矿十分罕见（图5-9、图5-10），菱锰矿作为首饰时常为弧面型，垂直于平行环带切割和垂直于 c 轴切割，可分别使菱锰矿呈现微弱的猫眼效应和星光效应，但十分罕见，价格也随之增加。

菱锰矿作为矿物晶簇时，各晶体之间颜色鲜亮均匀，透明度高，矿晶晶体形态完整，造型完美，块度大者为优。中国广西苍梧县梧桐矿产出的"中国皇帝"和"中国皇后"即为闻名世界的菱锰矿晶簇（图5-11、图5-12）。

图 5-7　产自墨西哥的完美菱锰矿晶体

（图片来源：Rob Lavinsky，iRock.com，wikimedia commons，CC BY-SA 3.0 许可协议）

图 5-8　产自墨西哥的完美菱锰矿晶体

（图片来源：Enrico Bonacina，www.mindat.org）

图 5-9　刻面型粉红色菱锰矿戒面
（图片来源：www.palagems.com）

图 5-10　刻面型深红色菱锰矿戒面
（图片来源：www.palagems.com）

图 5-11　菱锰矿晶簇（"中国皇帝"）

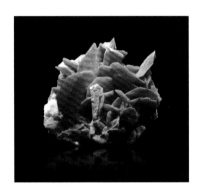

图 5-12　菱锰矿晶簇（"中国皇后"）

　　大部分菱锰矿为多晶质集合体，切面为鲜亮的粉红色和白色间隔条纹（图 5-13）。其中，颜色鲜艳、白色条纹较少、切面有中心轴者为高品质的菱锰矿集合体（图5-14）。此外，块度的大小、裂纹的多少也是影响其价值的重要因素，块度越大、裂纹越少，其价值越高。

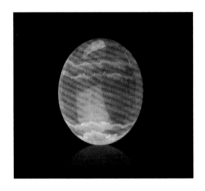

图 5-13　菱锰矿集合体（红纹石）戒面
（图片来源：国家岩矿化石标本资源共享平台，
www.nimrf.net.cn）

图 5-14　产自阿根廷具有圆形条带状构造的
菱锰矿集合体（红纹石）原石
（图片来源：Rob Lavinsky, iRocks.com, Wikimedia
Commons, CC BY-SA 3.0许可协议）

第五节

菱锰矿的产地与成因

　　世界上很多国家都有菱锰矿产出，但是宝石级的菱锰矿却十分稀少。近年来，只有阿根廷、南非、美国和秘鲁为宝石级菱锰矿的主要产出国，中国的广西、贵州、湖南及东北等地也有产出，但主要用于工业制锰，能达到宝石级的目前只有广西苍梧县梧桐矿产出的菱锰矿。除阿根廷产出的菱锰矿为沉积成因外，其他各国产出的菱锰矿均为热液成因。其中，阿根廷和南非多产隐晶质集合体菱锰矿，而美国、秘鲁和中国多产单晶体菱锰矿。

图5-15　产自南非呈三方偏方面体晶形的
菱锰矿晶体

（图片来源：Michael C. Roarke，www.mindat.org）

　　阿根廷卡塔马卡省（Catamarca）的老印加银矿主要产出隐晶质集合体菱锰矿，其矿床类型为沉积型，由 MnO_2 沉积层二次沉积形成，多为钟乳状集合体，其外表光滑平整，切面颜色鲜亮，有红色、粉色和白色相间的条带（图5-14），被人们形象地称为"印加玫瑰"（Inca Rose）。

　　南非霍塔泽尔的思奇万宁矿（N'Chwaning Mine）矿区产出的菱锰矿晶形多为三方偏方面体（图5-15），且产出的集合体菱锰矿具有典型的产地特征，多呈圆球状。

　　美国科罗拉多州甜屋矿区产出的菱锰矿晶体品质最佳，多为菱面体晶形，其颜色纯正、浓郁，晶体块度较大，多与白色水晶共生，红白映衬，通透美丽，世界上很多的大型菱锰矿单晶标本都产自这里，如"阿尔玛王"（图5-1）、"探照灯"（The Searchlight）（图5-16）和"阿尔玛玫瑰"（The Alma Rose）等菱锰矿晶体（图5-17）。

秘鲁利马的乌丘查夸（Uchucchacua）矿区也产出大量晶形完好的菱锰矿单晶体，其颜色与美国产出的菱锰矿晶体相比较浅（图5-18）。

中国产出的菱锰矿颜色比较鲜亮，但是由于其共生矿物较多，直接影响到菱锰矿的品质。中国产出的最著名的菱锰矿晶体为2009年在广西苍梧县梧桐矿发现的"中国皇帝"（图5-11）和"中国皇后"（图5-12）。"中国皇帝"现存于湖南省地质博物馆，"中国皇后"由美国时尚矿物有限公司（The Collector's Edge Minerals Inc.）收藏。

图5-16 "探照灯"菱锰矿晶体
（图片来源：www.wikimedia.org）

图5-17 "阿尔玛玫瑰"菱锰矿晶体
（图片来源：www.flickr.com）

图5-18 产自秘鲁的粉色菱锰矿晶体
（图片来源：Rob Lavinsky，iRocks.com，Wikimedia Commons，CC BY-SA-3.0许可协议）

89

第六章

Chapter 6

蔷薇辉石

　　蔷薇辉石，又称"粉翠""玫瑰石""桃花石"或"桃花玉"。透明单晶体极少见，多呈集合体产出，既可作为晶体观赏石，又可切磨成宝石。其颜色艳若玫瑰、色如桃花，质地致密坚韧、细腻平滑，带有黑色脉纹的蔷薇辉石可构成多种瑰丽图景，极具观赏价值，近年来深受宝玉石收藏者的青睐。

第一节

蔷薇辉石的历史与文化

　　蔷薇辉石在 1790 年首次发现于俄罗斯，其英文名 Rhodonite 来源于希腊词语
Rhodon，意为"玫瑰"，象征其特有的玫瑰红色。在中国台湾，蔷薇辉石也被称为"玫
瑰石"。由于蔷薇辉石色泽艳丽，粉里透红，质地坚硬似翡翠，中国工艺美术界也称其
为"粉翠"，因 20 世纪 60 年代在北京市昌平区发现了大量的蔷薇辉石，宝玉石界人士
又称北京地区所产的蔷薇辉石为"京粉翠"。

　　粉色的蔷薇辉石夹杂着白色石英，犹如花瓣散落于白色石英之间，恰似落英缤纷，白色与
粉色交错斑驳，如春天盛开的桃花般美丽动人，因此世人又称蔷薇辉石为"桃花石""桃花玉"。

第二节

蔷薇辉石的宝石学特征

一、蔷薇辉石的基本性质

（一）矿物组成

　　蔷薇辉石的主要组成矿物为蔷薇辉石、石英及脉状、点状黑色氧化锰色斑。

（二）化学成分

蔷薇辉石是一种链状硅酸盐矿物，化学式为（Mn，Fe，Mg，Ca）SiO_3，存在镁（Mg）、铁（Fe）、锌（Zn）对锰（Mn）的类质同象替代，其中富镁（含 MgO 达 6.24%）、富钙（含 CaO 达 20%）和富锌（含 ZnO 达 7%）的变种分别称为镁蔷薇辉石、钙蔷薇辉石、锌蔷薇辉石。

（三）晶系及结晶习性

蔷薇辉石属低级晶族，三斜晶系，单晶体少见，通常呈平行（001）的厚板状、三向等长或一向延长的粒状，常见单形有平行双面 $a\{100\}$、$b\{010\}$、$c\{001\}$、$m\{110\}$、$n\{221\}$、$M\{110\}$、$K\{221\}$、$r\{111\}$（图 6-1），晶面粗糙，晶棱弯曲，有时依（001）形成聚片双晶，常为致密块状集合体。

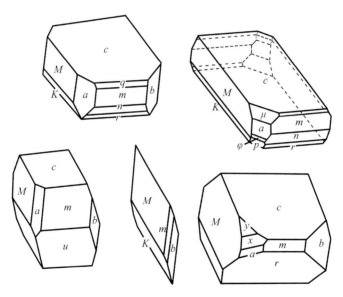

图 6-1 蔷薇辉石的晶体形态

（四）结构构造

蔷薇辉石具粒状结构，块状构造。

（五）晶体结构

蔷薇辉石矿物结构中，由 [SiO_4] 构成的单链沿 [101] 方向延伸，其重复周期是五个硅氧四面体 [SiO_4]，可看成是一个单四面体 [SiO_4] 和两个双四面体 [Si_2O_7] 沿延伸方向交替排列而成。结构中锰的配位数为 5 或 6，钙的配位数为 7，它们构成的配位多面体共用氧的方式与 [Si_5O_{15}] 单链相连（图 6-2）。

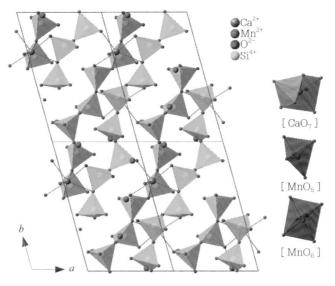

图 6-2　蔷薇辉石的晶体结构图（沿 c 轴的投影）

（图片来源：秦善提供）

二、蔷薇辉石的物理性质

（一）光学性质

1. 颜色

蔷薇辉石常呈桃红（图 6-3）或玫瑰红色、粉红色、浅红色、紫红色（图 6-4）、褐红色，有的呈灰色、黄色或无色。常见有黑色斑点和细脉（图 6-5），黑色是氧化锰所致，有时夹杂有绿色或黄色色斑，也见灰白色石英斑块。

图 6-3　桃红色蔷薇辉石原石

（图片来源：国家岩矿化石标本资源共享平台，

www.nimrf.net.cn）

图 6-4　紫红色蔷薇辉石原石

（图片来源：国家岩矿化石标本资源共享平台，

www.nimrf.net.cn）

图 6-5 呈纹理图案的书形蔷薇辉石作品

（图片来源：摄于台北 101 大楼）

2. 光泽

蔷薇辉石具玻璃光泽。

3. 透明度

蔷薇辉石透明单晶体十分罕见，集合体多呈不透明或微透明。

4. 折射率与双折射率

蔷薇辉石折射率为 1.733 ~ 1.747（+0.010，-0.013），集合体点测为 1.73，因常含石英可低至 1.54；双折射率不可测。

5. 光性

蔷薇辉石单晶为二轴晶，光性可正可负；多晶为非均质集合体。

6. 多色性

蔷薇辉石单晶可显示弱至中等的橙红或棕红多色性，集合体无多色性。

7. 吸收光谱

蔷薇辉石的吸收光谱具有 548 纳米吸收宽带，503 纳米吸收窄带，蓝紫区普遍吸收（图 6-6）。

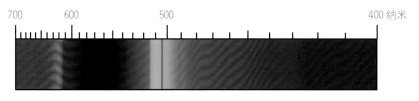

图 6-6　蔷薇辉石吸收光谱

8. 紫外荧光

蔷薇辉石在紫外荧光下呈惰性。

(二) 力学性质

1. 摩氏硬度

蔷薇辉石的摩氏硬度为 5.5 ~ 6.5。

2. 密度

蔷薇辉石的密度为 3.40 ~ 3.75 克 / 厘米 ^{3}，随石英含量增加而降低。

3. 解理及断口

蔷薇辉石具有 {110}、{110} 方向两组完全解理和 {001} 方向不完全解理，三组解理夹角近 90°，集合体解理通常不可见。断口呈贝壳状或不平坦状。

第三节
蔷薇辉石的优化处理与相似品

一、蔷薇辉石的优化处理及其鉴别

蔷薇辉石常见的优化处理方法为染色处理，放大检查可见染料沿裂隙分布。

二、蔷薇辉石的相似品及其鉴别

易与蔷薇辉石相混淆的宝玉石品种有菱锰矿、石英质玉等，可根据折射率、相对密度、摩氏硬度和结构构造等方面进行鉴别（见本书附表）。蔷薇辉石最典型的鉴定特征为其特有的玫瑰红色、较高的硬度、表面黑色的氧化锰脉纹等。

第四节

蔷薇辉石的质量评价

　　蔷薇辉石的质量评价可以从"色、质、纹、形"等方面进行，优质的蔷薇辉石集合体要求颜色鲜艳纯净、质地致密，裂纹少、块体大。颜色以鲜艳的粉红色为优（图6-7～图6-10），再为紫红色、灰粉色，风化呈黄褐色为一般。当黑色锰氧化物在蔷薇辉石表面形成具象或抽象的纹理图案时，有妙趣横生的艺术效果，将提升蔷薇辉石作为观赏石的价值。若雕刻为工艺品，雕刻工艺也是评判其成品质量的重要因素（图6-7、图6-8、图6-10）。

图6-7　蔷薇辉石牡丹花形戒指和胸坠

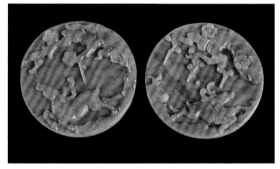

图6-8　蔷薇辉石梅花鹿挂牌

图6-9　蔷薇辉石串珠项链
（图片来源：尹艳华提供）

图6-10　蔷薇辉石雕花手镯

第五节

蔷薇辉石的产地与成因

一、蔷薇辉石的产地

世界上，单晶体蔷薇辉石的主要产地有美国新泽西州的富兰克林市（Franklin）、澳大利亚新南威尔士的布罗肯希尔（Broken Hill）、巴西的米纳斯吉拉斯州（Minas Gérais）、秘鲁的瓦努科（Huanuco）、博洛涅西（Bolognesi）。

美国新泽西州富兰克林市出产的蔷薇辉石晶形较好，一般呈不透明的淡粉色，常与白色方解石共生（图6-11）。澳大利亚新南威尔士的布罗肯希尔出产的蔷薇辉石颜色呈暗红色，晶体呈柱状或板状（图6-12）。巴西的米纳斯吉拉斯州出产的蔷薇辉石晶体较大，颜色鲜艳，出成率较高（图6-13）。秘鲁的瓦努科、博洛涅西出产的蔷薇辉石颜色常呈红色或粉红色，晶体呈薄片状，透明度较好（图6-14）。

图6-11 产自美国新泽西州富兰克林市的与白色方解石共生的蔷薇辉石晶体

（图片来源：Rob Lavinsky，iRocks.com，Wikimedia Commons，CC BY-SA 3.0 许可协议）

图6-12 产自澳大利亚新南威尔士布罗肯希尔的板状蔷薇辉石晶体

（图片来源：Rob Lavinsky，iRocks.com，Wikimedia Commons，CC BY-SA 3.0 许可协议）

图 6-13 产自巴西米纳斯吉拉斯州的柱状蔷薇辉石晶体
（图片来源：Rob Lavinsky, iRocks.com, Wikimedia Commons, CC BY-SA 3.0 许可协议）

图 6-14 产自秘鲁博洛涅西的粉红色蔷薇辉石晶体
（图片来源：Gianfranco Ciccolini, www.mindat.org）

多晶质蔷薇辉石集合体的主要产地有美国的马萨诸塞州（Plainifield）、俄罗斯乌拉尔山脉的斯维尔德洛夫斯克州（Sverdlovsk）、加拿大、德国、墨西哥和瑞典；罗马尼亚和日本的岩手州（Iwate）、本州岛（Honshu Island）、九州岛及南非、坦桑尼亚、印度等地也有少量产出。

中国蔷薇辉石主要产于北京昌平、陕西商洛、吉林汪清、青海乌兰和祁连、四川盐边、江苏苏州、台湾花莲等地。北京昌平的蔷薇辉石呈粉红色、紫红色、灰粉色，常与白色石英共生；陕西商洛的蔷薇辉石呈玫瑰红色、粉红色，质地均匀细腻，雕刻性良好；吉林汪清的蔷薇辉石为块状，呈鲜艳的粉红色；青海乌兰的蔷薇辉石呈粉红色、浅黄色和无色。

二、蔷薇辉石的成因

蔷薇辉石为多成因矿物，可由沉积锰矿源层经区域变质作用形成，与锰铝榴石、菱锰矿等共生。也可作为低温矿物见于热液脉和接触交代矿床中，与其他锰矿物及锰（Mn）、铅（Pb）、锌（Zn）硫化物共生，偶尔在伟晶岩中亦有产出。表生条件下极易氧化为软锰矿、菱锰矿。水化后形成水蔷薇辉石、硅锰矿或含锰蛇纹石。

第七章

Chapter 7

海纹石

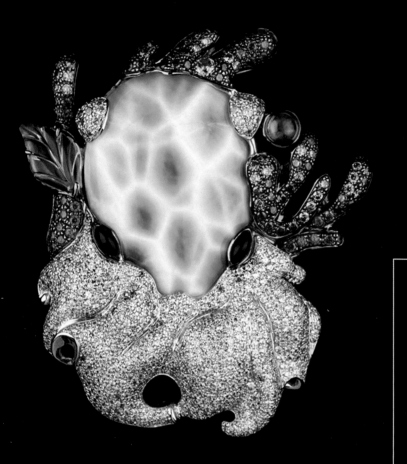

海纹石是近年来宝玉石市场上的新宠，这种宝石是迄今为止只产出于多米尼加共和国的独特宝石品种，被誉为"多米尼加国石"。其颜色犹如加勒比湛蓝的海水，白色纹理就像正午的阳光照耀在海面时潋滟的波纹，故而得名。

第一节
海纹石的历史与文化

一、海纹石的名称由来

海纹石英文名称为 Larimar，来源于发现者米格·蒙得兹（Miguel Méndez），他将其女儿的名字 Larissa 的前部分和西班牙语 mar（海）组合，初入中国时曾称为"拉利玛"，便是由此音译而成。

二、海纹石的历史与文化

在多米尼加共和国西南部有一面积为 15 平方千米的火山岩地区，这是世界上海纹石的唯一产区。早在 1492 年，生活在当地的泰诺人就用这种蓝色石头作为饰品，多年以来，他们一直认为这种蓝色石头来自大海。直到 1974 年，当地人米格·蒙得兹与美国和平志愿兵诺曼·里林（Norman Rilling）沿河流向上发现了山脉上的原生矿露头，随后在该处发现了罗斯楚巴德罗斯（Los Chupaderos）矿，是产出海纹石的最主要矿区。

多米尼加人认为佩戴海纹石能够增强自信，提高讲话沟通能力。明亮的蓝色使人心情愉悦，促使体内气血循环，有益于身心健康，亦能缓解人的紧张和压力，使人更加开明地对待事物的变化和产生的新鲜事物。

多米尼加的巴拉奥纳市建有海纹石博物馆，用以展示当地工匠用海纹石原料制作而成的精美首饰。

第二节
海纹石的宝石学特征

一、海纹石的基本性质

（一）矿物组成

海纹石主要组成矿物是蓝色的针钠钙石（Pectolite），海纹石是热液蚀变的产物，含有少量的方解石、钠沸石、玉髓（石英）、赤铁矿、辉铜矿等矿物。海纹石的白色部分是由钠沸石、方解石或钠沸石与针钠钙石的矿物组合构成的集合体。

（二）化学成分

海纹石主要组成矿物针钠钙石的晶体化学式为 $Na(Ca_{>0.5}Mn_{<0.5})_2[Si_3O_8(OH)]$，属于针钠钙石—针钠锰石族，针钠钙石与针钠锰石可以构成完全类质同象系列。针钠钙石通常为无色、白色至灰白色，很少见蓝色的针钠钙石，目前仅在海纹石中发现其为蓝色。有学者通过研究认为，针钠钙石中存在 Cu^{2+}、Fe^{2+}、$[Pb-Pb]^{3+}$ 三种致色元素不同程度地聚集，使海纹石呈现蓝—绿—白色之间的变化特征。

（三）晶系及结晶习性

海纹石的主要组成矿物针钠钙石属低级晶族，三斜晶系，其单晶体呈针状或柱状，较为少见，常以集合体形式产出。

（四）结构构造

海纹石具有致密的显微纤维状或针状结构（延伸方向平行于 b 轴），整体呈现放射状、球粒状、放射球粒状、似葡萄状构造（图 7-1）。

图 7-1　海纹石原石
（图片来源：国际有色宝石协会）

(五) 晶体结构

海纹石中的针钠钙石是一种含有附加（OH）$^-$的单链硅酸盐，其晶体结构与硅灰石结构基本类似。硅灰石的结构特点为：硅氧四面体链是由一个双四面体［Si_2O_7］和一个单四面体［SiO_4］平行于 b 轴交替排列而成。与硅灰石不同的是，在硅氧四面体链中，每重复链连接位置的 O^{2-} 为（OH）$^-$ 所替代，钠的配位数为 8，钙（锰）的配位数为 6，晶胞参数为：a_0=0.793 纳米，b_0=0.709 纳米，c_0=0.706 纳米，α=90 度，β=95 度 10 分，γ=103 度，Z=2。

二、海纹石的物理性质

(一) 光学性质

1. 颜色

海纹石基底的颜色为天蓝色至深蓝色（图 7-2），略带绿色色调（图 7-3）。白色与蓝色交织呈网状。

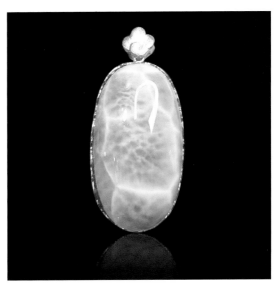

图 7-2　深蓝色海纹石戒面　　　　　图 7-3　带有绿色色调的海纹石胸坠

2. 光泽

海纹石呈玻璃光泽或丝绢光泽，其单晶具有玻璃光泽。

3. 透明度

海纹石为半透明至不透明。海纹石只有蓝色区域透光，白色部分不透光。

4. 折射率与双折射率

海纹石的折射率为 1.60（点测），白色部位的折射率略低于蓝色部位；双折射率集合体不可测。

5. 光性

海纹石为非均质集合体，其主要组成矿物针钠钙石为二轴晶，正光性。

6. 吸收光谱

海纹石无特征吸收光谱。

7. 紫外荧光

海纹石在长波紫外灯下可见中等荧光，通常为白垩绿色，也可见蓝色、黄色荧光，白色部分强于蓝色部分的荧光，绿色海纹石可见黄色荧光；短波可见浑浊的绿色荧光，比长波所呈荧光强，蓝色和白色部分所呈荧光差异性更明显。

（二）力学性质

1. 摩氏硬度

海纹石的摩氏硬度为 5 ~ 6。

2. 密度

海纹石的密度为 2.74 ~ 2.90 克 / 厘米 ^{3}，通常为 2.81 克 / 厘米 ^{3}。

3. 解理及断口

海纹石的主要组成矿物针钠钙石具有 {001}、{100} 两组完全解理，集合体不可见。断口呈参差状。

4. 韧性

海纹石为针钠钙石的集合体，其致密的显微纤维状或针状结构促使其结合力更强，具有较高的韧性。

三、包裹体特征

海纹石的常见包裹体有褐铁矿、方解石、钠沸石、辉铜矿等。褐铁矿呈褐色、树枝状。方解石呈白—灰色、近方形块状，最大粒径约为 2 毫米。钠沸石呈浅灰色、针状，晶体分布于蓝色区域边缘部位，是一种富铝矿物。辉铜矿或聚集成微观的暗色片状包裹体，或呈自形晶体存在。当海纹石中存在大致平行的针状钠沸石包体时，可呈现微弱的猫眼效应（图 7-4）。

图 7-4 具有猫眼效应的海纹石圆珠
（图片来源：Wikimedia Commons，CC BY-SA 3.0 许可协议）

四、其他

海纹石在酸性环境中可能会被腐蚀，在日常佩戴或放置时，应尽量避免与汗水、化妆品或化学制品接触，以免降低其表面的光泽强度。

第三节

海纹石的相似品及其鉴别

与海纹石相似的蓝色系列宝玉石有绿松石、异极矿、硅孔雀石、蓝玉髓、蓝色菱锌矿等，可以从颜色、光泽、透明度、折射率、相对密度、摩氏硬度、结构构造等方面进行鉴别（见本书附表）。海纹石所具有的天蓝色至深蓝色体色、白色网状纹理及常见的放射状、球粒状、放射球粒状、似葡萄状等构造是其最典型的鉴定特征。

第四节

海纹石的质量评价

海纹石的质量评价可从颜色、纹理、透明度和重量四方面进行。

一、颜色

颜色是决定海纹石价值的重要因素之一。海纹石的颜色由深到浅可以分为深蓝色（图7-5）、海水蓝色（图7-6）、天空蓝色和近白色，可带有少许绿色调。海纹石的颜色越鲜艳、越纯净，蓝白相间的纹理对比感越强，其价值也越高。在海纹石中，深蓝色者最为稀少，价值最高。带有绿色调的海纹石因尚未得到买家的普遍认可，可能会影响其市场价格。

图7-5　深蓝色海纹石戒面

图7-6　海水蓝色海纹石戒面

二、纹理

海纹石的白色脉络纹理同样影响其价值。白色纹理的宽窄、在整块宝石中的布局都会影响海纹石整体的美感。白色纹理越窄、越清晰，其价值越高。

行业内常将整体分布均匀、规则和较细的海纹石纹理称为"龟甲纹"（图7-5～图7-8），其稀有性和美观性强，价值高。

图7-7　海纹石热气球形胸坠
（图片来源：周小靖提供）

图7-8　海纹石美人鱼形胸坠
（图片来源：周小靖提供）

三、透明度

透明度是由海纹石的组成矿物针钠钙石的颗粒大小、排列结构等决定的，是评价海纹石价值不可或缺的因素。透明度好的海纹石，观之光泽莹润，价值相对较高。

四、重量

同等质量的海纹石，重量越大，价值也越高。而价值并非与重量呈等比例关系，重量越大的海纹石，单位价格也越高，这是因为颗粒较大的海纹石更稀少。

另外，还有其他因素也会对海纹石的质量产生影响，如杂质包体（常见褐铁矿包体）、裂纹等。

第五节

海纹石的产地与成因

一、海纹石的产地

针钠钙石矿物分布较广泛，在美国的新泽西和阿肯色州、加拿大魁北克、意大利、俄罗斯、印度、南非、德国、英国苏格兰等地均有产出。但是由蓝色针钠钙石组成的海纹石宝石十分罕见，唯一的产地位于多米尼加共和国西南部的巴拉奥纳市（Barahona）以南的罗斯奇奇斯（Los Checheses）地区，其中产量可观的是罗斯楚巴德罗斯矿，产区为一块面积约为 15 平方千米的火山岩地区。

二、海纹石的成因

（一）海纹石原生矿

海纹石作为一种热液蚀变的产物，呈不规则脉状或杏仁状分布于变质基性火山岩、玄武岩中，产量非常稀少。其伴生矿物主要有方解石、沸石（钠沸石）、玉髓（石英）、赤铁矿等。褐铁矿也常见于包裹海纹石的变质玄武岩中。

罗斯楚巴德罗斯海纹石矿的形成过程十分久远和漫长。在距今约一亿年前，该区的岩浆开始活动，形成巴奥鲁科山脉（Sierra de Bahoruco），在其随后发生的火山活动中，炽热的岩浆喷出地表，覆盖在石灰岩之上，并形成了一系列的火山岩筒，伴随着岩浆的冷却凝结，发生热液蚀变作用，充填玄武岩气孔中呈杏仁体或充填缝隙中呈脉状体，形成海纹石的原生矿。

海纹石形成温度不超过 250℃，形成压力较低，形成过程与热液中 CO_2 含量的减少相关。

（二）海纹石砂矿

在第三纪中新世（N_1）时期，出露在地表的基性火山岩筒在自然风化作用和地表水的侵蚀作用下，发生松动、碎裂，包含有海纹石的岩石碎块从山坡滚落，被雨水冲刷至山间溪流，随着水流搬运到巴奥鲁科河（Bahoruco river）及附近的海岸沉积。这些包含海纹石的岩石在搬运过程中受到碰撞、磨蚀和分解，硬度较低的围岩逐渐被剥离，最后沉积保留了具有美丽颜色和花纹的海纹石表生矿，即砂矿（图7-9）。很早以前，当地人就已在海岸发现了这种宝石。

图7-9　海纹石砂矿呈磨圆形并具灰黑色风化壳
（图片来源：Kuno Stoeckli, www.mindat.org）

第六节

海纹石的加工与市场

目前，海纹石只有唯一的产地——多米尼加共和国，矿区约15平方千米。海纹石产于当地火山岩缝隙或空洞中，全靠人工开采，产量非常少。另外海纹石的成品率较低，使其更显稀少与珍贵。

海纹石一般加工成各种琢型的戒面、胸坠（图7-10）、串珠（图7-11）及雕件等，经设计师精心设计镶嵌制成非常美丽的优秀首饰作品（图7-12）。近年来，海纹石受到国内宝石爱好者的喜爱和追捧。

 *Larimar*

图 7–10　海纹石胸坠
（图片来源：尹艳华提供）

图 7–11　海纹石珠串项链
（图片来源：尹艳华提供）

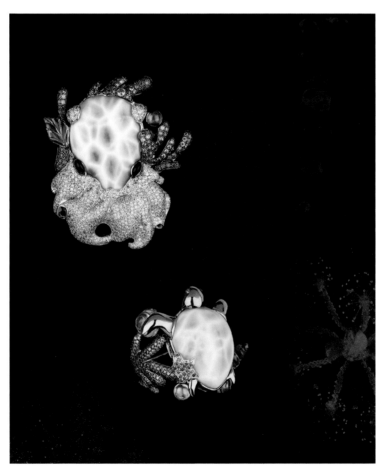

图 7–12　海纹石海龟形戒指和章鱼形胸针
（图片来源：周小靖提供）

第八章
Chapter 8
蛇纹石玉

石之美者，玉也，蛇纹石玉因主要产于中国辽宁省鞍山市岫岩县而得名"岫玉"。岫岩县的蛇纹石玉资源丰富、玉质优良，近年来相继发现的"玉石王""巨型玉体"堪称世界之最（图 8-1），闻名遐迩。岫玉之美，在其山生水藏、色彩丰富、质地细腻、光泽明亮。岫玉因历史悠久、雕琢工艺精良，被誉为中华瑰宝。

图 8-1　发现于辽宁岫岩重约 6 万吨的蛇纹石玉巨型玉体

第一节

蛇纹石玉的历史与文化

一、蛇纹石玉的名称由来

蛇纹石玉，英文名称为 Serpentine jade。Serpentine 源自拉丁语 serpentius，意为"蛇"，指蛇纹石集合体表面由绿色、白色等构成的斑杂状花纹与蛇皮相似。

二、蛇纹石玉的历史与文化

蛇纹石玉作为中国四大名玉之一，玉质温润细腻，开发历史久远，文化内涵深厚，为我国玉文化保留了许多经典之作。

早在旧石器时代晚期，蛇纹石玉就被人类发现并利用。距今 6000～5000 年的红山文化时期，是蛇纹石玉开发利用的顶峰，如辽宁建平县出土的"玉猪龙"、内蒙古赤峰市翁牛特旗三星他拉村出土的"蜷体玉龙"、红山文化"勾云形器"等均以岫玉为代表。蛇纹石玉常用于琢制装饰品，供宫廷及王公贵族享用。历代留下的蛇纹石玉文物也十分丰富，夏商周时期的"鸟兽纹玉觥"，战国时期的"兽形玉"，秦汉时期的"玉辟邪"，西汉时期的丧葬殓服"金缕玉衣"（图 8-2），东晋时期的"龙头龟钮玉印"，南北朝时期的"兽形玉镇"，唐宋时期的"兽首形玉杯"，元代的"玉贯耳盖瓶"，明代的"龙头玉杯"，清代的"哪吒玉仙"等都是古代艺术的瑰宝。从古至今，人们把蛇纹石玉制品作为礼器、仪仗器、佩饰、工具、生活用具等，足见蛇纹石玉在中华玉文化发展史上占有重要地位。

第
一
节
蛇
纹
石
玉
的
历
史
与
文
化

115

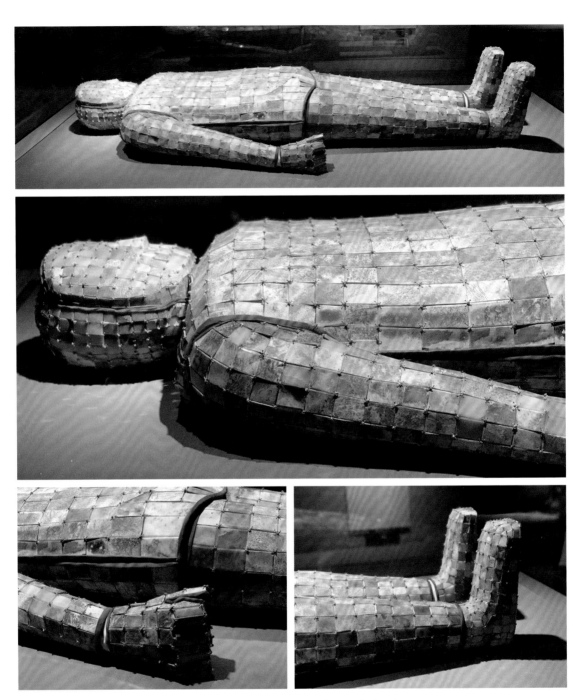

图 8-2　西汉江都王刘非墓出土的金缕玉衣
（图片来源：摄于南京博物院）

第二节

蛇纹石玉的宝石学特征

一、蛇纹石玉的基本性质

（一）矿物组成

蛇纹石玉的主要组成矿物为蛇纹石，一般含量大于95%，主要为叶蛇纹石及少量利蛇纹石、纤蛇纹石。次要矿物有方解石、白云石、透闪石、菱镁矿、绿泥石、滑石、透辉石、铬铁矿、磁铁矿等。次要矿物的含量变化很大，对蛇纹石玉的质量产生较大影响。

（二）化学成分

蛇纹石为含水的镁硅酸盐，化学式为 $Mg_6[Si_4O_{10}](OH)_8$，含有铁（Fe）、锰（Mn）、钙（Ca）、铝（Al）、镍（Ni）、氟（F）等微量元素，有时可有铜（Cu）、铬（Cr）等元素的混入，其中，F^- 代替（OH）$^-$，Al^{3+} 和 Fe^{3+} 可能代替 Si^{4+}，其他元素主要代替六次配位的 Mg^{2+}。

（三）晶系及结晶习性

蛇纹石属低级晶族，单斜晶系。其单晶体十分罕见，常呈纤维状或细粒叶片状隐晶质集合体产出。

（四）结构构造

蛇纹石玉为隐晶质集合体，具叶片状、纤维状、鳞片状变晶结构，致密块状构造（图8-3），部分玉料可见脉状、片状、斑状构造。蛇纹石颗粒细小，通过肉眼观察很难分辨，玉质地十分细腻。

图8-3　产自辽宁岫岩的蛇纹石玉呈致密块状

二、蛇纹石玉的物理性质

（一）光学性质

1. 颜色

蛇纹石玉的颜色丰富，常见的颜色为深浅不一的绿色、黄绿色、黄色、白色、翠绿色、暗绿色、棕色、黑色等及多种颜色的组合。其颜色与主要组成矿物蛇纹石本身含有的微量元素铁、镍、钴、锰、铝等相关，也受共生和伴生矿物成分的影响。

2. 光泽

蛇纹石玉呈蜡状光泽（图8-4）或玻璃光泽。

3. 透明度

蛇纹石玉为半透明至不透明。

4. 折射率与双折射率

蛇纹石玉的折射率为1.56～1.57（点测），双折射率集合体不可测。

5. 光性

蛇纹石玉为非均质集合体。

6. 吸收光谱

蛇纹石玉不具特征吸收光谱。

7. 紫外荧光

蛇纹石玉在紫外灯下通常表现为惰性，有时在长波紫外灯下可有微弱绿色荧光。

图8-4　呈蜡状光泽的蛇纹石玉弥勒佛

8. 特殊光学效应

极少数的蛇纹石玉可见猫眼效应（图 8-5）。蛇纹石猫眼又称"加利福尼亚猫眼石"（California cat's eye），因最早产出于美国加利福尼亚州而得名，是一种具有平行排列的纤维状结构的蛇纹石玉，呈现丝绢光泽，琢磨成弧面形宝石后，具有猫眼效应。

图 8-5　蛇纹石猫眼
（图片来源：mineralauctions.com）

（二）力学性质

1. 摩氏硬度

蛇纹石玉的摩氏硬度为 2.5 ～ 6.0，其硬度受透闪石等组成矿物的影响较大，纯蛇纹石玉的硬度为 3.0 ～ 3.5。

2. 密度

蛇纹石玉的密度为 2.57（+0.23，−0.13）克／厘米^3。

3. 断口

蛇纹石玉的断口为参差状。

三、包裹体特征

蛇纹石玉中的杂质包体常为不同颜色的点状物、絮状物，主要有：白色絮状物，为后期重结晶作用形成的粗粒蛇纹石；白色斑状、米粒状杂质，呈星点状分布，为早期交代作用残留的碳酸盐矿物，即白云石或方解石等（图 8-6）；黑色点状、斑块状物，主要为磁铁矿等矿物（图 8-7）；不透明亮黄色金属矿物，呈金属光泽，为黄铁矿等矿物。

图 8-6　蛇纹石玉中的白色斑状包体
（图片来源：国家岩矿化石标本资源共享平台，
www.nimrf.net.cn）

图 8-7　蛇纹石玉中的黑色杂质包体
（图片来源：国家岩矿化石标本资源共享平台，
www.nimrf.net.cn）

第三节
蛇纹石玉的优化处理与相似品

一、蛇纹石玉的优化处理及鉴别

蛇纹石玉的优化处理主要有浸蜡、染色与"做旧"处理。

（一）浸蜡（优化）

在蛇纹石玉的裂隙或缺口中充填无色蜡，可以改善玉石的外观。其鉴定特征为：充填区域具有明显的蜡状光泽，热针试验会有"出汗"现象或燃蜡气味，红外光谱检测可见有机物吸收峰。

（二）染色（处理）

将蛇纹石玉浸泡于染料中可进行染色。染色蛇纹石玉的鉴定特征为：放大检查易发现颜色沿裂隙分布，或有染料浓集，用丙酮或无水乙醇等溶剂擦拭可见掉色现象。另外，使用铬盐染成绿色者在分光镜下可见红区 650 纳米宽吸收带。

（三）"做旧"（处理）

将质地较粗的蛇纹石玉"做旧"处理，可用于仿制古玉，其处理步骤为加热熏烤、强酸碱腐蚀、染色等，最终形成"沁色"效果。人工"沁色"与自然"沁色"仍存在较明显的区别，可通过显微镜、X 射线荧光分析和拉曼光谱等测试方法鉴别。

二、蛇纹石玉的相似品及其鉴别

与蛇纹石玉相似的玉石品种主要有软玉（和田玉）、翡翠、独山玉、玉髓、大理石等，可以从折射率、相对密度、结构构造、显微特征等方面进行鉴别（见本书附表），蛇纹石玉最典型的鉴定特征为：颜色丰富，常见黄绿色，具叶片状、纤维状、鳞片状变晶结构，透明度较高，折射率为 1.56 ~ 1.57，密度为 2.57 克 / 厘米^3，摩氏硬度为 2.5 ~ 6.0，玉石成品棱角多趋于圆滑。

第四节
蛇纹石玉的质量评价

蛇纹石玉的质量评价主要从颜色、透明度、质地、净度、块度和工艺六个方面进行。一般来说，绿至深绿色、高透明度、无瑕疵、无裂隙、块度大的蛇纹石玉价值较高，巧妙设计和加工雕琢也会提升其价值。

一、颜色

蛇纹石玉的颜色种类繁多、深浅不一，以绿色（图 8-8）、黄绿色（图 8-9）为上等，黄色、白色、黑色等颜色次之，颜色越均匀、越浓郁，其价值越高。而当"花色岫玉"上出现褐红色、蓝绿色或黄色等多种颜色且颜色搭配协调、别致（图 8-10），又配以精美神妙的俏色雕刻技艺（图 8-11），同样具有较高的价值。

图 8-8　辽宁岫岩蛇纹石玉玉雕摆件
（图片来源：国家岩矿化石标本资源共享平台，www.nimrf.net.cn）

图 8-9　陕西汉中蛇纹石玉观音
（图片来源：汉源玉业有限公司提供）

图 8-10　具不同颜色蛇纹石玉的水果摆件
（图片来源：国家岩矿化石标本资源共享平台，www.nimrf.net.cn）

图 8-11　陕西汉中蛇纹石玉俏雕作品《金秋》
（图片来源：汉源玉业有限公司提供）

二、透明度

蛇纹石玉的透明度越高，外观越晶莹剔透，其价值也越高。

三、质地

玉石是多晶质集合体，晶体颗粒的大小决定了玉石质地的细腻程度。当蛇纹石玉的晶体颗粒较小时，其质地致密，手感细腻，价值较高。

四、净度

通常情况下，蛇纹石玉越纯净则价值越高（图8-12），明显的杂质、裂隙会使其价值大打折扣。然而，当蛇纹石玉中所含包体排列有序，构成美丽的花纹、图案，使其具有较高的观赏性时，其价值也会得到相应的提升。

图8-12　质地细腻的蛇纹石玉玉雕摆件
（图片来源：国家岩矿化石标本资源共享平台，www.nimrf.net.cn）

五、块度

同等品质的蛇纹石玉，块度越大，其价值越高。

六、工艺

蛇纹石玉常雕琢成各种雕件和手镯，造型优美和雕工精良的作品可极大地提升其价值。

在造型方面，应量形取材，挖脏去绺，把握比例的协调，传递和谐逼真的感觉。对于人物、动物类造型作品，应该观察其神态刻画是否细致入微（图8-13）；对于植物花卉类造型，讲究构图完整，花型美观，主次搭配，重点突出（图8-14）；而在器物造

123

图 8-13　蛇纹石玉玉雕作品《拓》
（图片来源：国家岩矿化石标本资源共享平台，www.nimrf.net.cn）

型上，应注重器形的规整对称性，纹饰的美感展现度及器物镂雕、浮雕的层次感等（图8-15）。此外，造型设计中还要注意题材与玉色是否相匹配。

　　在雕工方面，形神兼备是上工，有形无神是中工，形神俱无是滥工。评价雕工，要关注其是否做到精雕细琢、轮廓清晰、线条流畅，同时抛光平顺、光亮鉴人。凌乱的雕工和粗糙的抛光，会使作品的美观度和玉器的价值大打折扣。一般来说，"好工配好料"，从雕工上也可以间接反映出玉料的品级。

图 8-14　辽宁岫岩蛇纹石玉玉雕摆件
（图片来源：国家岩矿化石标本资源共享平台，
www.nimrf.net.cn）

图 8-15　蛇纹石玉镂雕器物摆件
（图片来源：国家岩矿化石标本资源共享平台，
www.nimrf.net.cn）

第五节

蛇纹石玉的产地与成因

一、蛇纹石玉的产地

　　我国蛇纹石玉资源量较大，分布十分广泛，主要产地有辽宁、甘肃、吉林、陕西、河南、青海、广东、广西、山东、新疆、台湾等。国外蛇纹石玉的产地有新西兰、美国、朝鲜、阿富汗、印度、俄罗斯、瑞典、英国、波兰、意大利、埃及、纳米比亚等。

　　蛇纹石玉产地众多，且各具特色，在颜色、质地、矿物组合等多方面有较大差异性，产生了代表产地特色的蛇纹石玉的商贸名称。根据国家标准《珠宝玉石 名称》（GB/T 16552—2017）中规定，宝石级蛇纹石均以"蛇纹石玉"或"岫玉"统一命名，而商贸名称如"汉中玉""泰山玉"等具有地方标志意义，也在玉石市场上被广泛使用。

（一）国内蛇纹石玉的产地及其特征

1. 辽宁岫岩

　　我国辽宁省岫岩县产出的蛇纹石玉储量最大、质量最好（图 8-16），颜色以深浅不一的绿色为主，按其颜色主要有绿色岫玉、黄色岫玉、白色岫玉、黑色岫玉、花色岫玉

图 8-16　辽宁岫岩蛇纹石玉矿点及开采出的玉石原料

等。多数为半透明，具蜡状光泽。此外，在岫岩县细玉沟产出"老玉"原生矿，在偏岭河一带产出"河磨玉"，均为透闪石质玉。

2. 甘肃酒泉

产于甘肃省祁连山地区的蛇纹石玉，商业名称为"酒泉玉""祁连玉"，其颜色主要以墨绿色或暗绿色为主，颜色不均匀，常含有黑色斑点或不规则黑点团块，透明度较低。

3. 广西陆川

广西壮族自治区陆川县产出的蛇纹石玉，商贸名称为"陆川玉"。"陆川玉"是由白云质大理岩热液交代作用形成，属于富镁质碳酸盐岩型蛇纹石玉矿。主要有两个品种：一是较纯的蛇纹石玉，呈翠绿—深绿色，常带浅白色花纹，微透明至半透明；二是透闪石蛇纹石玉，呈青白—白色，微透明，可见丝绢光泽。

4. 陕西汉中

陕西省汉中市碑坝地区产出的蛇纹石玉（图8-17），商贸名称为"汉中玉"。"汉

图8-17　陕西汉中蛇纹石玉矿采场

中玉"是近年来在该地发现的新的玉石品种,其质地细腻温润,颜色纯正鲜明,花纹奇特,自问世以来得到玉石爱好者的广泛关注。"汉中玉"颜色丰富,常见黄色、棕黄色、黄绿色、绿色、墨绿色、青绿色等,根据其颜色和化学成分在商业上分为"黄玉""柠檬黄"(图 8-18)、"帝王黄"(图 8-19)、"金香玉"等多个品种。其中,"金香玉"是一种呈红褐色、棕黄—棕色,经摩擦发热后可散发出淡淡咖啡香味的蛇纹石玉,因其神秘的清香成为人们争相追捧的玉材(图 8-20、图 8-21)。

图 8-18 "柠檬黄"生肖鼠吊坠
(图片来源:汉源玉业有限公司提供)

图 8-19 "帝王黄"生肖龙吊坠
(图片来源:汉源玉业有限公司提供)

图 8-20 "金香玉"弥勒佛摆件
(图片来源:汉源玉业有限公司提供)

图 8-21 "金香玉"罗汉摆件
(图片来源:汉源玉业有限公司提供)

5. 新疆昆仑山麓

新疆昆仑山麓产出的蛇纹石玉，颜色呈豆绿色，绿色中常伴有褐红色、橘黄色、黑色、白色等。玉质与岫岩玉相似，质地较为细腻，透明度较高，具蜡状光泽。

6. 山东泰山

山东泰山西麓产出的蛇纹石玉，商业名称为"泰山玉"（图 8-22）。颜色以暗色调的绿色为主，有深绿色、灰绿色、黑色等，其中以特征的翠绿色最有特色，常含有黑色、白色、褐色的斑点，半透明至不透明（图 8-23 ~ 图 8-26）。常伴有金星状磁铁矿包体、白色柱状碳酸盐类矿物包体等。

图 8-22　山东泰山蛇纹石玉矿区
（图片来源：李建军提供）

图 8-23　"泰山玉"龙牌玉雕挂件
（图片来源：程佑法提供）

图 8-24　"泰山玉"螃蟹玉雕摆件
（图片来源：程佑法提供）

图 8-25 "泰山玉"富贵花开玉雕摆件
（图片来源：程佑法提供）

图 8-26 "泰山玉"山子玉雕摆件
（图片来源：程佑法提供）

7. 吉林集安

吉林省集安县高台子乡及白山市抚松县沿江乡等地产出的蛇纹石玉，商业名称为"安绿玉"，颜色以深浅不一的绿色系为主，具蜡状光泽，透明度为半透明到不透明，质地均匀，韧性好。

8. 台湾花莲

中国台湾花莲产出的蛇纹石玉，商业名称为"台湾玉"（图 8-27），其颜色多呈草绿—暗绿色，半透明，具蜡状光泽（图 8-28）。由于含杂质矿物，具有黑点或黑色条纹。

图 8-27 台湾花莲蛇纹石玉矿区

图 8-28 "台湾玉"原石摆件

（二）国外蛇纹石玉的产地及特征

1. 新西兰

新西兰南岛西海岸米尔福德峡湾产出的蛇纹石玉为"鲍文玉"（Bowenite），其颜色主要呈淡黄绿—灰绿色、微绿白色，质地细腻，半透明至不透明。

2. 美国

美国宾夕法尼亚州产出的蛇纹石玉称为"威廉玉"（Williamsite）。其颜色常呈浓绿色，致密细腻，优质的可呈半透明至微透明，也常有铬铁矿的黑色斑点。

3. 朝鲜

朝鲜惠山市等地产出的蛇纹石玉称为"朝鲜玉"，又称"高丽玉"。其颜色艳丽，常见黄绿色、翠绿色，透明度高，质地致密细腻，可见清晰的云朵状斑块，犹如蓝天里的云朵，为优质蛇纹石玉，有"朝鲜翡翠"之称。

二、蛇纹石玉的成因

蛇纹石玉属于热液交代变质作用形成的矿床，一般有两种产状：一是由富镁质碳酸盐岩蚀变而成，如辽宁岫岩蛇纹石玉矿、陕西汉中蛇纹石玉矿；二是由超基性岩变质作用形成。其成矿机理为：来自岩浆岩的富硅质热水溶液浸入富镁岩石的构造裂隙中，与围岩发生交代反应而形成蛇纹石玉。其中，SiO_2 和 H_2O 来自富硅质热液，镁（Mg）和钙（Ca）来自白云石、菱镁矿、橄榄岩等富镁硅质围岩。热液和围岩条件不同，形成的玉石矿体的品种也会不同，当溶液中的镁浓度高时，形成蛇纹石玉；钙浓度高时，形成透闪石玉；镁和钙的浓度差不多时，则形成"甲翠"（透闪石－蛇纹石玉）（图8-29、图8-30）。

图 8-29 "甲翠"玉雕摆件
（图片来源：王礼胜提供）

图 8-30 "甲翠"手镯
（图片来源：王礼胜提供）

图 8-31　辽宁岫岩荷花玉器批发市场

图 8-32　辽宁鞍山玉佛苑供奉的
"释迦牟尼 - 渡海观音"玉佛
（图片来源：温文，2008）

因蛇纹石玉广受玉石爱好者和收藏家的青睐，且资源分布十分广泛，多年来，在著名产地兴起了一众蛇纹石玉交易市场，出售优质的蛇纹石玉。例如，我国辽宁岫岩的荷花玉器批发市场（图 8-31）、东北玉器交易中心、万润玉雕园、中国玉雕会展中心，河南镇平县的石佛寺玉器批发市场等，吸引众多国内外玉器收藏、经销者云集。大量精美的蛇纹石玉成品首饰、玉雕工艺品摆件也在北京每年举办的中国国际珠宝展屡屡现身。坐落于辽宁鞍山的玉佛苑更是因供奉"世界最大玉佛"——重达260.76 吨的"释迦牟尼 - 渡海观音"蛇纹石玉玉佛而享誉海内外（图 8-32）。

蛇纹石玉作为很早就被发现和使用的玉石品种之一，历经了时光的雕琢和岁月的蕴染。它独有的柔和色彩、温润光泽、剔透质感及便于加工的硬度，使得加工而成的玉器玲珑剔透、手感滑爽，受人喜爱。传统的蛇纹石玉玉雕工艺蕴含着历史文化的积淀，作品多以"福禄寿"、花草鱼虫等为主题。随着时代的发展，近几年来蛇纹石玉雕琢也与时俱进，雕刻设计以民族文化为根基，逐渐融入了创新的元素，玉雕艺术家们运用现代艺术理念对其进行了新的表达，提高了蛇纹石玉的附加价值。蛇纹石玉市场的逐渐完善和玉雕工艺的提升，使得蛇纹石玉的收藏价值稳步抬升，市场蓬勃发展。

第九章
Chapter 9
蓝田玉

　　蓝田玉在我国历史上颇具盛名，是中国古代最早使用的玉石品种之一，曾有"价重连城，声同垂棘"之盛况。玉挺蓝田，珠润随水，南朝梁文学家任昉赞道："玉映蓝田，金铉之望已集；木秀邓林，轮辕之用先表。"蓝田玉具有悠久的历史和丰富的文化内涵，又因其颜色多样，花纹变幻万千，质地细腻，光泽莹润，在当今玉石市场中占有一定的地位。

第一节

蓝田玉的历史与文化

一、蓝田玉的名称由来

战国时期（前475—前211年），蓝田属秦，周安王二十三年（前379年）置蓝田县。《太平寰宇记》卷二十六记载："山出美玉。《周礼》注曰：'玉之美者曰球，其次曰蓝'。盖以县出美玉，故名蓝田。"历代古籍中均有蓝田产玉的记载，《范子计然》曰："玉英出蓝田。"《三秦记》记载："山出美玉，故县以蓝名。"《汉书·地理志》有"京北蓝田，山出美玉，有虎候山祠，秦孝公置也"。盛产于此地的玉，也因此得名"蓝田玉"。

二、蓝田玉的历史与文化

事实上，人们对于蓝田玉的使用可以追溯到更早。距今4000多年前的龙山文化时期，先民已使用蓝田玉作器。陕西历史博物馆中珍藏着一件玉铲，就是出土自神木石峁龙山文化遗址。西周墓中出土的1300余件文物中，也有多件用蓝田玉雕刻的玉器。此外，甘肃天水曾出土战国大玉钺，钺体由蓝田玉所制，两面均以浅浮雕镌出"臣字眼"兽面纹；陕西西安西汉武帝陵墓中出土的蓝田玉四神纹玉铺首，分别碾琢青龙、白虎、朱雀、玄武四神形象，意象非凡，精美绝伦。

蓝田玉始见于新石器时代，得名于秦，后日益兴盛，唐代时最为鼎盛以致开采殆尽，宋代及以后鲜有记载。中国古代的秦始皇传国玺是皇权天授的象征，是出震继离的必争之物，其存世1100多年，历经二十多个朝代、百余位皇帝的兴衰更替，多数史料记载其由蓝田玉制成。东汉《汉旧仪》云："传国玺以蓝田刻之。"《东汉会要》记载："传国玺是秦始皇初定天下所刻，其玉出蓝田山。"清代《续修蓝田县志》中也写道："秦始皇

135

传国玺以蓝田水苍玉为之，刻鱼虫鹤蟒蛟龙皆水族物，大略取此意以扶水德。"

蓝田玉的兴衰体现在各时期的诗词歌赋中，汉乐府《羽林郎》中的"头上蓝田玉，耳后大秦珠"，说明汉代蓝田玉已经被大量制作成首饰。杜甫《九日蓝田崔氏庄》中的"蓝水远从千涧落，玉山高并两峰寒"，道明了蓝田玉的产地和产状。《蓝田县文徵录》云"太真（即杨贵妃）善击磬，上令采蓝田绿玉成一磬，备极工巧，占弹棋亦以蓝田玉为之"，说明唐代时工艺雕刻已达到相当水平。韦应物在《采玉行》中描述了采玉人的艰辛："官府征白丁，言采蓝溪玉。绝岭夜无家，深榛雨中宿。"李贺在《老夫采玉歌》中写道："采玉采玉须水碧，琢作步摇徒好色。老夫饥寒龙为愁，蓝溪水气无清白。夜雨冈头食蓁子，杜鹃口血老夫泪。蓝溪之水厌生人，身死千年恨溪水。"描述了蓝田玉的颜色、用途及采玉的不易。

"蓝田种玉"的典故讲述道，一名穷书生杨伯雍救助了山中疲劳晕厥的老人，老人用一麻袋蓝田玉回报于他，吩咐他以此为种埋在土中。杨伯雍照做，果然长出玉石，他做璧五双，聘娶良家女。官匪知之，欲劫其玉，又残害百姓。然太白金星给杨伯雍托梦道："晴天日出入南山，轻烟飘处藏玉颜。"此后只有杨伯雍能够在山中找到最好的蓝田玉，官匪无可奈何。广为流传的诗词歌赋"沧海月明珠有泪，蓝田日暖玉生烟""蓝田堪种玉，鲁海可操斛，东风供睡足"等引用的就是这则典故。

第二节

蓝田玉的宝石学特征

一、蓝田玉的基本性质

（一）矿物组成

蓝田玉是一种蛇纹石化大理岩，其主要组成矿物为蛇纹石（叶蛇纹石）和方解石，含有少量滑石、白云石、绿泥石、透闪石、云母等（图9-1）。矿物的组成与蓝田玉的蛇纹石化程度相关，蛇纹石化越强，其所含蛇纹石越多，方解石越少，蓝田玉局部可以完全蛇纹石化呈脉状（图9-2）。

图9-1　蓝田玉《马到成功》摆件
（图片来源：瞿文君提供）

图9-2　呈脉状构造的蓝田玉印章
（图片来源：瞿文君提供）

（二）化学成分

蓝田玉中的蛇纹石的晶体化学式为$Mg_6[Si_4O_{10}](OH)_8$，可含少量铁（Fe）、铝（Al）、锰（Mn）等元素；方解石的化学成分为$CaCO_3$，可含少量镁（Mg）、钾（K）、铝（Al）、硅（Si）等元素。

（三）结构构造

蓝田玉为不等粒状变晶结构至纤维状变晶结构，条带状（图9-3）、块状构造。

二、蓝田玉的物理性质

（一）光学性质

1.颜色

蓝田玉基色一般较浅，为白—灰白—灰色（图9-4）、浅黄—浅绿—浅黄绿色

图9-3　蓝田玉矿石呈条带状构造

（图 9-5）；花纹的颜色强于基色，以黄色、绿色、墨绿色、黑色为主。蓝田玉的主要致色矿物为蛇纹石，蛇纹石的颜色与其铁元素的含量有关。

图 9-4　蓝田玉《硕果累累》摆件
（图片来源：瞿文君提供）

图 9-5　蓝田玉《花篮》摆件
（图片来源：瞿文君提供）

2. 光泽

蓝田玉一般呈玻璃光泽，也可具有蜡状光泽或油脂光泽。

3. 透明度

蓝田玉为半透明至微透明，蛇纹石化部分透明度较好。

4. 折射率与双折射率

蓝田玉的折射率为 1.56 ~ 1.65（点测），折射率取决于测试部位：蛇纹石的折射率为 1.56 ~ 1.57（点测）；方解石的折射率为 1.60 ~ 1.65（点测）。集合体双折射率不可测。

5. 光性

蓝田玉为非均质集合体。

6. 紫外荧光

蓝田玉中蛇纹石化程度高的部分在紫外灯下多呈惰性，这是由于铁元素的存在而造成的，在蛇纹石化程度低的部位，在长波紫外灯下可见中—弱的白色荧光，短波可见弱荧光或无荧光。

（二）力学性质

1. 摩氏硬度

蓝田玉的摩氏硬度为 3 ~ 4，蛇纹石部分硬度可高达 2.5 ~ 6.0。

2. 密度

蓝田玉的密度为 2.60 ~ 2.90 克 / 厘米^3，通常为 2.66 克 / 厘米^3。

3. 断口

蓝田玉具有参差状断口。

三、其他

蓝田玉遇盐酸反应起泡。

第三节

蓝田玉的相似品及其鉴别

与蓝田玉相似的玉石品种有蛇纹石玉、独山玉、玉髓、墨玉等，可以从结构构造、折射率、相对密度、摩氏硬度等方面进行鉴别（见本书附表），蓝田玉具有条带状构造、质地细腻、光泽温润、遇盐酸起泡等特点，其中盐酸测试为有损鉴定方法。

除蓝田玉外，其他碳酸盐类玉石还有"汉白玉""阿富汗玉""云石""文石玉""百鹤玉""木纹玉"等。陕西蓝田玉与其他碳酸盐类玉石的区别主要在于它们的表面纹理分布不同，具有不同的工艺美术价值。

第四节
蓝田玉的品种与质量评价

一、蓝田玉的品种

陕西蓝田玉按矿物成分及外观特征主要分为四个品种。

（一）白色蓝田玉

蛇纹石化程度较弱或未被蛇纹石化的大理岩，整体呈纯白—浅灰色，含极少量其他颜色的斑点或花纹（图9-6）。主要矿物为方解石，其含量达85%，次要矿物为蛇纹石（少于5%～10%）、绿泥石和透闪石。具不等粒变晶结构和块状构造。一般质地细腻（图9-7），肉眼无法分辨颗粒界线。

图9-6　白色蓝田玉《鱼篓》摆件
（图片来源：瞿文君提供）

图9-7　白色蓝田玉《关公》摆件
（图片来源：瞿文君提供）

（二）绿色蓝田玉

蛇纹石化程度较强的蛇纹石化大理岩，呈浅绿色、绿色、墨绿色（图9-8），略带其他颜色花纹。以蛇纹石和方解石为主，含有少量白云母、滑石、橄榄石。绿色蓝田玉具显微鳞片—鳞片变晶结构，斑杂状构造。

图9-8　浅绿—墨绿色蓝田玉山子摆件

（三）黄色蓝田玉

蛇纹石化程度中等的蛇纹石化大理岩，呈浅米黄—黄色（图9-9），略带其他颜色花纹。其方解石含量大于65％，蛇纹石为25％～30％，另含有少量透辉石（约5％）。通常呈鳞片变晶结构，可见交代残余结构，具条纹状或条带状构造。

（四）墨色蓝田玉

墨色蓝田玉呈深灰色、黑色，主要为黑色蛇纹石集合体及原岩中灰色的泥质团状变质、蚀变产物，一般呈团块状分布（图9-10），大小多为2～15厘米。

图9-9　黄色蓝田玉《连年有余》摆件
（图片来源：瞿文君提供）

图9-10　墨色蓝田玉《腾龙》俏雕摆件
（图片来源：瞿文君提供）

二、蓝田玉的质量评价

蓝田玉的质量评价从颜色、质地、净度、块度、工艺五方面来进行。

（一）颜色

蓝田玉的颜色主要包括白色、灰—灰白色、浅黄—黄色、黄绿—浅绿—蓝绿—墨绿色，少量黑色、粉色（图9-11、图9-12），其中鲜明、纯净的白色、黄色、绿色为最佳。颜色不鲜明或有多种杂色分布会使其价值相对降低，但若搭配精巧的俏雕，同样可以具有较高的价值。

图9-11　蓝田玉俏雕摆件
（图片来源：瞿文君提供）

图9-12　蓝田玉《祥龙》俏雕摆件
（图片来源：瞿文君提供）

（二）质地

质地的细腻、润泽程度是评价蓝田玉的重要指标。蓝田玉的质地取决于矿物颗粒的细腻、均匀程度和颗粒之间排列的紧密度，质地越好的蓝田玉透明度越高，在加工后能够呈现好的光泽和玉质感（图9-13、图9-14）。

图9-13　质地细腻的蓝田玉玉壶摆件
（图片来源：瞿文君提供）

图9-14　蓝田玉《童子鲤鱼》摆件
（图片来源：瞿文君提供）

（三）净度

蓝田玉越纯净则价值越高（图9-13、图9-14），不规则的裂纹和杂质会对蓝田玉的价值造成一定的负面影响。常见的杂质有黑色、暗色矿物。

（四）块度

不同块度的蓝田玉有不同的用途。块度较大、质地较细、包裹体较少的蓝田玉可用于雕刻大型作品，具有较高的价值；相反，一些小块的材料只能用作装饰材料或饰物材料。

（五）工艺

工艺决定蓝田玉饰品的精美程度，是衡量蓝田玉价值的重要指标。质量好的蓝田玉石通常配备较好的雕刻工艺（图9-15）。陕西蓝田是蓝田玉的加工、销售集散地，蓝田玉常被加工为雕工精细的摆件（图9-16、图9-17）或首饰类等成品。

图9-15　蓝田玉的雕琢加工

图9-16　雕工精细的蓝田玉《孔雀开屏》摆件
（图片来源：瞿文君提供）

图9-17　蓝田玉花薰摆件
（图片来源：瞿文君提供）

第五节
蓝田玉的产地与成因

一、蓝田玉的产地

　　蓝田玉资源在我国分布广泛，目前在陕西、山东、吉林、辽宁、内蒙古、河北、江苏均有产出，最著名的产地位于陕西省西安市东南的蓝田县古城。

　　历史上因产玉而久负盛名的蓝田山，又名覆车山、玉山和王顺山等。《通志》中记载："隋唐后，玉被采尽，开元时，又遭摧崩，遂为荒山。"故而，蓝田山古代产过蓝田玉，但是现今已无遗存。1981年，我国地质学家经过探测发现了新的蓝田玉矿区。现今开采的蓝田玉构造位置属于秦岭褶皱系，其主体为中元古褶皱带。矿区主体位于蓝田县玉川乡，东至阳坡，西至冷水沟，东西长5千米，北至小寨乡，南至红门寺，南北宽2.4千米，玉石矿资源储量1094万立方米。矿体呈似层状、透镜状赋存于太古代黑云母片岩、角闪片麻岩岩层。矿体共计有三层，断续呈西北—东南向延伸长达2千米。

　　蓝田玉历史悠久，是丝绸之路上一颗璀璨的明珠，也是陕西走向世界的重要名片之一。坐落于西安蓝田鼎湖延寿宫石艺园内的西安市蓝田玉文化博物馆，藏有众多精美绝伦的蓝田玉首饰及现代玉雕作品（图9-18），

图9-18　西安市蓝田玉文化博物馆
（图片来源：瞿文君提供）

该馆设计报送的九款蓝田玉作品获得第十四届全国运动会特许商品授权（图9-19～图9-22）。

图9-19　蓝田玉全运会会徽玉盘
（图片来源：瞿文君提供）

图9-20　蓝田玉镂空全运会标识玉璧
（图片来源：瞿文君提供）

图9-21　蓝田玉马球图玉瓶
（图片来源：瞿文君提供）

图9-22　蓝田玉全运会吉祥四宝
（图片来源：瞿文君提供）

二、蓝田玉的成因

蓝田玉的主要成矿机理为区域变质作用或区域变质－接触交代变质作用。

陕西蓝田玉多数由区域变质－接触交代变质作用形成，少数由区域变质作用形成，

矿体主体见于大理岩与花岗岩的接触带。其形成过程为：灰岩经区域变质作用形成大理岩，随后的海西期酸性岩浆侵入发生接触交代变质作用，使得大理岩进一步发生重结晶，在岩浆活动后期，由于热液蚀变作用，使大理岩发生蛇纹石化作用，形成蛇纹石化大理岩（图9-23）。

图9-23　陕西蓝田县蓝田玉矿区

江苏邳州占城镇的蓝田玉由区域变质作用形成，与晚元古代的辉绿岩侵入有关。由于辉绿岩浆的侵入，其热水溶液致使倪园组中的隐晶或微晶灰质白云岩、白云质灰岩在接近辉绿岩处产生大理岩化、蛇纹石化，伴随有透闪石－石棉化、绿帘石－绿泥石化、矽卡岩化等，从而形成蓝田玉。

第十章
Chapter 10
独山玉

独山玉色彩斑斓，玉质细腻，是我国特有的玉石品种。作为中国的四大名玉之一，独山玉以其特有的魅力，在中国古代玉器百花园中独树一帜，在中华玉文化的传承和弘扬中发挥了重要的作用。独山玉玉雕技艺精湛，历史久远，其工艺品俏色天成，玲珑剔透，深受世人喜爱。

第一节

独山玉的历史与文化

一、独山玉的名称由来

独山玉可简称为"独玉",又名"南阳玉"或"河南玉",因产于我国河南南阳市以北八千米处的独山而得名。北魏郦道元《水经注》载:"南阳有豫山,山山出碧玉。"南朝陶弘景说:"好玉,出蓝田及南阳。"独山玉虽不及和田之温润,翡翠之通透,但其玉质细腻,色彩斑斓,其中绿如翠羽、红似彩霞、白如羊脂、蓝如晴空、黑似泼墨,可谓别具一格(图10-1)。

图10-1 独山玉俏色玉雕摆件

二、独山玉的历史与文化

作为中华玉文化的先锋,独山玉的开采利用历史十分悠久,可以追溯到距今7000多年前的新石器时代,南阳黄山遗址中就出土了大量的独山玉铲、斧、刀、镰等工具。

夏、商、周三代,独山玉因运输便利、质地细腻而得到王室贵族的青睐,成为彰显高贵的象征。夏代,砣轮的发明使琢玉工艺从石器工艺中分离出来,实现了中国工艺史上的一次技术革新。商代,玉雕技术突飞猛进,圆雕、俏色等工艺相继诞生,加快了独山玉文化的传播速度。周代,完整的礼乐制度诞生,促进了南北玉文化的融合,用玉开始政治化,玉文化与儒家文化的结合,实现了中国玉文化的一次历史性飞跃。

到了汉代，丝绸之路开通，和田玉逐渐成为官方主要用玉，而独山玉则成了民间用玉的主流。南阳特殊的政治地位和繁荣的工商业，使得独山玉的开采与雕琢达到了历史高峰。汉代张衡的《南都赋》中记载："其宝利珍怪，则金采玉璞，随珠夜光，珍镙琅玕，充溢圆方，琢雕狎猎，金珠琳琅。"极言南阳玉石的开采和加工盛况。

魏晋南北朝时期，战火连绵，独山玉市场一度陷入低潮。唐宋元时期，独山玉的发展才逐渐恢复和繁荣起来。明清时期，优质独山玉不断产出，成为皇室用玉和民间用玉中的佼佼者。

图 10-2　中国现存最早的特大型玉雕"渎山大玉海"
（图片来源：周斌，2013）

历朝历代，独山玉一直为人们所喜爱，从黄山仰韶文化的"中华第一铲"，到元代忽必烈犒赏三军时盛酒的器物"渎山大玉海"（图 10-2），到赠澳门礼品"九龙晷"；从原始文化阶段最高雕刻水平的玉器，到当代国之瑰宝的玉雕精品，独山玉文化的发展紧跟时代的步伐，蕴含着中国源远流长的历史文化。

第二节
独山玉的宝石学特征

一、独山玉的基本性质

（一）矿物组成

独山玉是一种黝帘石化斜长岩，由多种矿物组成。其主要矿物为基性斜长石（钙长石）（20%～90%）、黝帘石（5%～70%），次要矿物为含铬云母（5%～15%）、透辉石（1% ～ 5%）、钠长石（1% ～ 5%）、绿帘石（1% ～ 5%）、阳起石（约1%）、黑云母（约1%）等，微量矿物有榍石、金红石、黄铜矿、黄铁矿，次生矿物有沸石、葡萄石、方解石、褐铁矿、绢云母等。

（二）化学成分

钙长石的化学式为 $CaAl_2[Si_2O_8]$，黝帘石的化学式为 $Ca_2Al_3[SiO_4]_3(OH)$，独山玉的化学成分随组成矿物的比例不同而变化。

（三）结构构造

独山玉具细粒结构，致密块状构造。组成矿物斜长石、黝帘石、绿帘石、含铬云母和透辉石等呈他形—半自形晶紧密镶嵌，独山玉的结构构造使其具有质地细腻、致密坚硬等特点。

二、独山玉的物理性质

（一）光学性质

1. 颜色

独山玉颜色丰富，常见白色、绿色、紫色、黄色、红色等，也常因含不同的矿物组合而呈现多种颜色。其绿色与含铬云母有关，淡红色与黝帘石有关，黄色与绿帘石有关，紫色与黑云母有关。

2. 光泽

独山玉具玻璃光泽。

3. 透明度

独山玉呈微透明至半透明。

4. 折射率和双折射率

独山玉的折射率为 1.56 ～ 1.70（点测）。折射率取决于测试部位：$RI_{斜长石}=1.56$，$RI_{黝帘石}=1.70$。集合体双折射率不可测。

5. 光性

独山玉为非均质集合体。

6. 吸收光谱

独山玉的吸收光谱不特征。

7. 紫外荧光

独山玉在紫外灯下呈无至弱的蓝白、褐黄、褐红荧光。

8. 其他

绿色的独山玉在查尔斯滤色镜下呈暗红色。

（二）力学性质

1. 摩氏硬度

独山玉的摩氏硬度为 6 ~ 7。

2. 密度

独山玉的密度为 2.70 ~ 3.09 克 / 厘米 ^{3}，一般为 2.90 克 / 厘米 ^{3}。

3. 解理和断口

独山玉无解理；具参差状断口。

第三节

独山玉的优化处理与相似品

一、独山玉的优化处理及其鉴别

（一）浸蜡、浸无色油（优化）

将独山玉浸入蜡或油中，以掩盖原有裂纹并改善外观。但此方法耐久性较差，遇高温会有蜡或油溢出。浸蜡处理后的独山玉光泽变弱，呈蜡状光泽；浸油的独山玉会污染包装物；紫外灯下观察可能见蓝白色荧光；利用红外光谱检测可见有机物吸收峰。

（二）充填（处理）

用树脂充填独山玉表面的开放性裂隙，可以改善外观，提高耐久性，这种处理方法常见于手镯成品。放大观察可见充填物残余，充填部位光泽较弱且可见气泡。利用红外光谱检测可发现由有机物引起的吸收峰。

（三）染色（处理）

将裂隙较多的独山玉浸泡于染料中染色，或在真空条件下添加有机染料使之渗入玉石内部，从而产生鲜艳的颜色，如蓝绿色、粉红色等。

放大观察可见染料沿颗粒之间或裂隙分布；染色处理的绿色独山玉为染料致色，在分光镜下观察，可见红区有一条宽吸收带，明显区别于天然绿色独山玉由铬致色而形成的三条吸收线；染色处理的粉红色独山玉铁元素含量高，在紫外灯下显橙红色荧光，而天然粉红独山玉铁元素含量极低，在长波紫外灯下呈中等强度的粉红色荧光，短波下呈弱的紫红色荧光。

二、独山玉的相似品及其鉴别

与独山玉相似的玉石品种主要有翡翠、软玉（和田玉）、蛇纹石玉、石英岩、大理石等，可以从结构构造、折射率、相对密度等方面来进行鉴别（见本书附表）。独山玉最典型的鉴定特征为颜色丰富、浓淡不一且分布不均匀，呈玻璃光泽，具细粒或隐晶质结构（图 10-3），密度为 2.70 ~ 3.09

图 10-3　独山玉"苏武牧羊"玉雕摆件
（图片来源：国家岩矿化石标本资源共享平台，www.nimrf.net.cn）

克 / 厘米 ^{3}，折射率取决于其测试部位：斜长石（白色部分）折射率约为 1.56，黝帘石（绿色部分）折射率约为 1.70，另外绿色的独山玉在查尔斯滤色镜下呈暗红色。

第四节
独山玉的品种与质量评价

一、独山玉的品种

独山玉主要依据颜色划分品种，通常可分为白独玉、绿独玉、青独玉、粉独玉、紫独玉、黄独玉、墨独玉和多色独玉等。

（一）白独玉

白独玉呈浅白色、白色、乳白色等（图10-4），半透明至微透明或不透明，主要矿物为斜长石和斜黝帘石，常根据透明度和质地的不同分为透水白、油青、干白三种，其中以透水白为最佳。

（二）绿独玉

绿独玉呈浅绿、翠绿、蓝绿、灰绿、黄绿色等，颜色分布不均匀，多呈不规则带状、丝状或团块状分布（图10-5）。绿独玉常与白独玉相伴，主要矿物为斜长石、黝帘石、铬云母，次要矿物为黑云母、绿帘石。半透明的蓝绿色独玉，亦称"天蓝玉"或"南阳翠玉"，其颜色与含铬云母有关，是独山玉的最佳品种。

图10-4　白独玉"大展宏图"玉雕摆件　　　　图10-5　绿独玉"八仙贺寿"玉雕摆件

（三）青独玉

青独玉呈青色、灰青色、蓝青色等，不透明（图10-6）。玉石为含黝帘石辉石斜长岩，主要矿物为单斜辉石、钙长石、拉长石，次要矿物为透辉石、黝帘石。青独玉常与白独玉过渡，表现为块状、带状，为独山玉中常见的品种。

图10-6　青独玉手镯

（图片来源：国家岩矿化石标本资源共享平台，www.nimrf.net.cn）

（四）粉独玉

粉独玉呈粉红色或芙蓉色，又称"芙蓉玉"，微透明至不透明，质地细腻（图10-7、图10-8）。粉独玉为强黝帘石化斜长岩，绿帘石和斜长石的含量很低，常与白独玉呈过渡关系。

图10-7　粉独玉"荷花"俏雕玉牌
（图片来源：王礼胜提供）

图10-8　粉独玉"荷花"俏雕摆件
（图片来源：王礼胜提供）

（五）紫独玉

紫独玉呈淡紫—深紫色，主要矿物为钙长石、拉长石及少量黝帘石、黑云母等，其紫色与斜长岩云母化的蚀变产物黑云母及绢云母有关。

（六）黄独玉

黄独玉呈浅黄、土黄、黄、褐黄色等，常呈半透明状，其中常有白色或褐色团块（图10-9）。主要矿物为斜长石、斜黝帘石、绿帘石，含少量榍石、金红石等。

图10-9　黄独玉"玉米"玉雕摆件
（图片来源：国家岩矿化石标本资源共享平台，www.nimrf.net.cn）

（七）墨独玉

墨独玉呈墨绿至黑绿色（图 10-10、图 10-11），颗粒较粗大，主要矿物为浅闪石、斜长石、透闪石、黝帘石等。墨独玉的颜色主要与蚀变矿物浅闪石相关，常与白独玉相伴。

图 10-10　墨独玉玉雕摆件　　　　　　　　　　图 10-11　墨独玉俏雕摆件

（图片来源：国家岩矿化石标本资源共享平台，www.nimrf.net.cn）

（八）多色独玉

多色独玉为在一件独山玉中具有两种或两种以上主要颜色的独山玉，是独山玉中最常见的品种。多色独玉常具白、绿、黄、粉、黑等多种颜色组合，颜色呈斑杂状或条带状分布（图 10-12）。

图 10-12　多色独山玉俏雕山子摆件

二、独山玉的质量评价

独山玉成品的质量评价要素为颜色、质地、净度及工艺等。

（一）颜色

总体而言，独山玉以绿为贵，绿色的比例、浓淡、形状，都影响其质量的好坏（图10-13）。此外，独山玉色彩斑斓，常见多种颜色集于一身，以白天蓝、满绿、鲜红、透水白等颜色为佳，暗绿、淡红、绿白、干白、黄、青、黑色等颜色次之。当其颜色为白、绿相间分布，并加以黄、黑、紫等色时，适用于俏色雕刻。

图 10-13　绿独玉"平步青云"玉雕摆件

（二）质地

独山玉内部结构及组成矿物存在差异。高品质独山玉质地细腻，光泽明亮，透明度好。低品质的独山玉质地较粗，透明度差，质量下降。

（三）净度

越纯净的独山玉，其价值越高。净度通常受裂绺和杂质的影响，裂绺是由各种地质作用或后期开采受力作用引起，加工取材时必须避开裂绺，从而影响到所取玉料块度的大小。杂质则为分布于玉石中的暗色矿物包裹体，会对玉石工艺品的美观产生一定的负面影响。

（四）工艺

独山玉玉雕工艺颇负盛名，兼收并蓄，既有京津派恢宏豪放、端庄严谨之风范，又有苏杭派婉约细腻、精巧玲珑之特色，其"巧色巧作"的艺术特点十分显著，常使作品

展示出较强的观赏性（图10-14）。

　　独山玉玉雕工艺讲究"质、色、形、工、意"，即要求量料取材、多色搭配合理、俏色巧用、设计独特、做工精细。这些因素综合起来共同表达了作品的意蕴和生命力，故可从以上几方面对玉雕整体进行质量评价，如若玉雕作品创新精致、巧夺天工，其价值将会倍增（图10-15）。

图10-14　独山玉"国宝熊猫"俏雕摆件

（图片来源：国家岩矿化石标本资源共享平台，www.nimrf.net.cn）

图10-15　独山玉"反哺"俏雕摆件

（图片来源：国家岩矿化石标本资源共享平台，www.nimrf.net.cn）

第五节

独山玉的产地与成因

一、独山玉的产地

迄今能达到工艺要求的独山玉仅产于中国河南。河南独山玉矿位于南阳市北郊的独山，赋存于独山岩体内。独山玉矿床属于分布不均匀却又成群出现的脉状矿床，矿体呈脉状、透镜状及不规则状，赋存于蚀变辉长岩体中。

二、独山玉的成因

独山玉产于斜长岩浆期后高—中温热液矿床中，形成温度为230～430摄氏度，成玉成矿经历了岩浆分异作用、动力变质作用和热液蚀变作用三个阶段。在岩浆后期发生的结晶分异作用中，与斜长石具有相近成分的岩浆在同时期形成的构造裂隙中充填结晶，形成斜长岩脉；在后期动力变质作用下，岩石破碎，为热液活动提供了通道和空间，构造带两侧的斜长岩脉在热液作用下发生矿物蚀变、重结晶而成矿，闪石化和钠黝帘石化长期多次交代包裹于辉长岩体中的斜长岩脉，并逐步形成独山玉。在其主要成玉阶段，热液从早期到晚期，钙、铬、铁和钛离子含量逐渐增加，形成独山玉的颜色顺序依次为无色、白色、绿色、紫色到天蓝色等。

第六节

独山玉的市场

　　独山玉质地坚韧致密、细腻柔润、色彩丰富，是我国独有的玉石品种。高档独山玉接近透明，其色翠绿，几乎可与翡翠相媲美；其质凝腻，颇具和田白玉品质。

　　独山玉色彩斑驳陆离，开采历史悠久，文化底蕴深厚，工艺技术精湛，自元代"渎山大玉海"以来，就自成体系，闻名遐迩，广受雕刻大师青睐。经过几代人的雕琢利用及推广发展，独山玉玉雕作品以巧夺天工、百花争艳、富有艺术感染力之特色广泛受到收藏大家的喜爱，具有颇高的收藏价值和很大的升值潜力（图10-16、图10-17）。

图 10-16　独山玉俏雕摆件

（图片来源：国家岩矿化石标本资源共享平台，
www.nimrf.net.cn）

图 10-17　独山玉玉雕摆件

（图片来源：国家岩矿化石标本资源共享平台，
www.nimrf.net.cn）

第十一章
Chapter 11
萤石

萤石，又称氟石，是一种钙的氟化物，因在紫外光、阴极射线照射下发出荧光而得名。萤石产量丰富，工业级萤石常用作助熔剂，颜色鲜艳、透明度好、晶形完美的宝石级萤石常作为矿物晶体观赏石进行收藏，还可以加工雕刻成摆件，或切磨成戒面、串珠等饰品用于佩戴。

第一节
萤石的历史与文化

一、萤石的名称由来

萤石的英文名称为 Fluorspar 或 Fluorite。目前，Fluorspar 一词用于工业和化学领域，Fluorite 一词则用于矿物学及相关领域。Fluorite 是 Fluor 与 –ite 的组合，Fluor 源于拉丁语 fluere，意为"流动"，意指萤石作为助熔剂，让矿石熔化、流动；–ite 则是矿物名称的后缀。

二、萤石的历史与文化

萤石分布广、产量大，历史相当悠久。在古代，印度人发现有个小山岗上的眼镜蛇特别多，它们总是在一块大石头周围出现。这种奇异的自然现象引起了人们探索奥秘的兴趣，他们发现，每当夜幕降临，这块大石头就闪烁着微蓝色的亮光，许多趋光性的昆虫在其上空飞舞，青蛙竞相捕食昆虫，吸引了不少眼镜蛇前来捕食青蛙。于是人们把这种石头叫作"蛇眼石"，后来才知道其实是萤石。

古罗马人认为使用萤石酒杯（图 11-1）可千杯不醉，英国人将黄色、紫色条纹相间的萤石称为"蓝色约翰"（Blue John）（图 11-2）。而在我国，距今 7000 年前的浙江河姆渡新石器时代文化遗址中就出现了萤石制品，北京故宫博物院珍藏有清代乾隆时期的萤石印章。

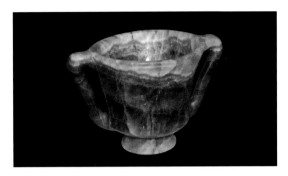

图 11-1　古罗马时期的多晶质萤石制品
（现藏于大英博物馆）
（图片来源：Wikimedia Commons，CC0 许可协议）

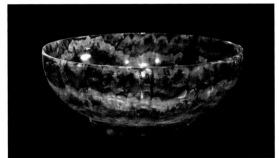

图 11-2　"蓝色约翰"多晶质萤石质碗
（现藏于卡斯尔顿游览中心）
（图片来源：Wikimedia Commons，CC0 1.0 许可协议）

第二节

萤石的宝石学特征

一、萤石的基本性质

（一）矿物名称

萤石的矿物名称为萤石（Fluorite），又称氟石，属萤石族矿物。

（二）化学成分

萤石的晶体化学式为 CaF_2，其中钙（Ca）含量为 51.33%，氟（F）含量为 48.67%。钙（Ca）常被铈（Ce）、钇（Y）、钍（Th）、铀（U）、锶（Sr）等元素类质同象置换，当钇、铈替代量较多时，出现钇萤石和铈萤石变种。此外，还含有少量的 Fe_2O_3、Al_2O_3、SiO_2、沥青物质、微量的氯（主要是黄色萤石）、臭氧、氦气、铀、二氧化碳等。

（三）晶系及结晶习性

萤石属高级晶族，等轴晶系。萤石的单晶体通常呈立方体 $a\{100\}$、八面体 $o\{111\}$、菱形十二面体 $d\{110\}$ 及其聚形（图 11-3 ～图 11-7），立方体晶面上常出现与棱平行的网格状条纹，常可见穿插双晶。萤石除单晶体外，还常呈多晶质集合体产出。

（四）结构构造

萤石集合体常呈粒状结构，晶簇状、条带状、致密块状构造。

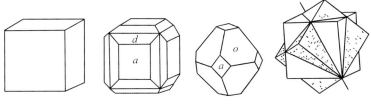

图 11-3　萤石的晶体形态

图 11-4　蓝色立方体萤石晶体

（图片来源：国家岩矿化石标本资源共享平台，

www.nimrf.net.cn）

图 11-5　产自墨西哥的黄色八面体萤石晶体

（图片来源：Parent Géry, Wikimedia Commons,

CC BY-SA 3.0许可协议）

图 11-6　紫色菱形十二面体与立方体聚形萤石晶体

（图片来源：国家岩矿化石标本资源共享平台，

www.nimrf.net.cn）

图 11-7　绿色立方体与八面体聚形萤石晶体

（图片来源：CarlesMillan, Wikimedia Commons,

CC BY-SA 3.0许可协议）

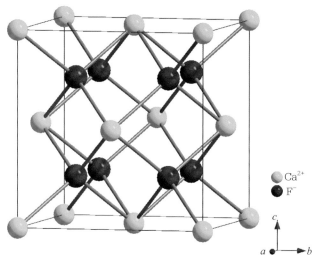

图 11-8　萤石的晶体结构示意图
（图片来源：秦善提供）

（五）晶体结构

萤石具典型的萤石型结构（图 11-8），Ca^{2+} 位于立方晶胞的八个顶角和六个面的中心，F^- 位于单位晶胞小立方体的中心，钙的配位数为 8，氟的配位数为 4，因此氟的配位多面体彼此共棱。萤石型结构也可看作 Ca^{2+} 呈立方最紧密堆积，F^- 占据所有的四面体空隙，{111} 面网方向具相邻的同号离子层，导致萤石具有八面体完全解理。

二、萤石的物理性质

（一）光学性质

1. 颜色

萤石的颜色非常丰富，常见无色、浅绿色至深绿色（图 11-7、图 11-9、图 11-10）、蓝色（图 11-11）、蓝绿色、紫色（图 11-9）、棕色、黄色（图 11-12）、粉色等，少见红色和黑色，有时多种颜色共存于一块萤石之上，构成多姿多彩的图案（图 11-13、图 11-14）。纯净的萤石为无色，其他颜色的成因主要有晶体缺陷产生色心致色、含矿物或有机质包裹体致色、稀土元素致色等。

图 11-9　深绿色（右）和浅紫色（左）萤石晶体
（图片来源：国家岩矿化石标本资源共享平台，www.nimrf.net.cn）

图 11-10　绿色萤石晶体
（图片来源：国家岩矿化石标本资源共享平台，www.nimrf.net.cn）

图 11-11 产自西班牙的蓝色立方体
与菱形十二面体聚形萤石晶体
（图片来源：Juan F. Buelga, Wikimedia Commons,
CC BY 3.0 许可协议）

图 11-12 产自纳米比亚的黄色萤石晶体
（图片来源：Rob Lavinsky, iRocks.com, Wikimedia
Commons, CC BY-SA 3.0 许可协议）

图 11-13 内部紫色外部无色的萤石晶体
（图片来源：国家岩矿化石标本资源共享平台，
www.nimrf.net.cn）

图 11-14 呈现多种颜色色带的萤石刻面棱柱
（图片来源：国家岩矿化石标本资源共享平台，
www.nimrf.net.cn）

2. 光泽

萤石具玻璃光泽至亚玻璃光泽。

3. 透明度

萤石为透明至半透明。

4. 折射率与双折射率

萤石的折射率为 1.434（±0.001），无双折射率。

5. 光性

萤石为光性均质体。

6. 吸收光谱

萤石的可见光吸收谱不特征，变化较大。一旦有吸收，吸收线表现明显。

7. 发光性

在紫外光和阴极射线下，萤石通常具有强荧光（图 11-15），其荧光颜色、强度均随产地、品种的不同而出现差异，一般长波强于短波。部分萤石可具磷光、摩擦发光等特性，有磷光现象的萤石一般为墨绿色、深绿色、浅绿色、紫色等，透明—半透明，发光的颜色、强度均与矿物成分中含有稀土元素的种类和数量有关，通常绿色萤石的磷光比紫色萤石强。

a 自然光照射 b 紫外光照射

图 11-15 萤石在紫外光下具强荧光

（图片来源：Didier Descouens, Wikimedia Commons, CC BY-SA 4.0 许可协议）

8. 特殊光学效应

萤石可具有变色效应。变色萤石在日光下呈灰蓝色，在白炽灯下呈红紫色（图 11-16），吸收光谱在黄区有以570纳米为中心的吸收带，在紫区有以400纳米为中心的吸收带。其变色成因是萤石含过渡元素铁、钒或稀土元素钇、锶、铌（Nb）、钐（Sm）等，在外来能量激发下发生电子转移而形成色心，导致萤石颜色在不同光源下发生变化。变色萤石主要产于非洲、巴西、印度、中国河北等地。

a 日光下 b 白炽灯下

图 11-16 变色萤石戒面

（图片来源：Nick Sturman，2006）

（二）力学性质

1. 摩氏硬度

萤石的摩氏硬度为4，为摩氏硬度计的标准矿物。

2. 密度

萤石的密度为3.18（+0.07，−0.18）克/厘米^3。

3. 解理

萤石具平行{111}的四组完全解理，解理面常出现三角形的解理纹。

三、包裹体特征

萤石中可见流体包体，主要为气液两相、气液固三相包裹体，常见有色带（图11-17），也可见黄铁矿（图11-18）、重晶石（图11-19）、硫化物、绿柱石（图11-20）等矿物包体。

图11-17 产自美国伊利诺伊州具蓝紫色带的
萤石晶体

（图片来源：James St. John, flickr.com,
CC BY 2.0许可协议）

图11-18 产自墨西哥的含黄铁矿包体的
无色萤石晶体

（图片来源：Parent Géry, Wikimedia Commons,
CC BY-SA 3.0许可协议）

图11-19 黄色萤石中的重晶石包体

（图片来源：John I. Koivula, 2017）

图11-20 加利福尼亚紫色萤石中的绿柱石包体

（图片来源：Ian Nicastro and Nathan Renfro, 2018）

第三节
萤石的优化处理与相似品

一、萤石的优化处理及其鉴别

（一）热处理

热处理萤石较为常见，通过加热可使暗蓝至黑色的萤石变成蓝色。一般来说，这种热处理的萤石很难鉴定，其颜色在 300 摄氏度以下的环境中是稳定的。

（二）辐照处理

由无色萤石通过辐照产生的紫色萤石，颜色极不稳定，遇光很快就褪色；而辐照产生的变色萤石，在日光下为深蓝色，白炽灯下为紫色，其折射率、密度等与天然萤石一致，但在放大检查时可见颜色浓集现象。

（三）充填处理

在萤石中充填塑料或树脂，可掩盖萤石的裂隙，增强其耐久性。充填处理的萤石紫外荧光异常，放大检查可见塑料或树脂充填裂隙，热针测试可见树脂和塑料熔化并伴有辛辣气味。

（四）涂层

在萤石表面镀铝酸锶涂层，可掩盖萤石的裂隙，达到增强光泽和磷光的效果。有涂层的萤石往往手摸有温感，涂层处折射率不可测，在强光源照射下，有异常强磷光（图11-21），放大检查可见大量气泡（图 11-22）。

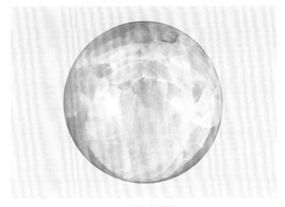

a 自然光照射

b 强光源照射

图 11-21 镀膜萤石 "夜明珠" 异常强磷光
（图片来源：Nathan Renfro，2015）

图 11-22 镀膜萤石 "夜明珠" 放大检查可见大量气泡
（图片来源：Nathan Renfro，2015）

二、萤石的相似品及其鉴别

与萤石相似的宝玉石品种主要有水晶、玉髓、绿柱石等，可以通过放大观察、光性、折射率、紫外荧光、结构构造等方面来鉴别（见本书附表），萤石最典型的鉴定特征为硬度较低，表面易见划痕，八面体解理发育，在紫外荧光下常具强荧光，有时出现磷光。

第四节
萤石的主要品种

按工艺用途将萤石划分为：饰用萤石、萤石矿物晶体观赏石两大类。

一、饰用萤石

饰用萤石主要有首饰类和雕琢摆件类。萤石颜色非常丰富，主要有无色、绿色、蓝色、紫色、黄色、粉色、多色等。无色萤石呈透明至半透明，多以单晶或晶簇出现；绿色萤石（图 11-23）常带蓝色调；蓝色萤石多呈灰蓝、绿蓝、浅蓝色（图 11-24），往往表面深中心浅；紫色萤石呈深紫、浅紫色，常呈条带状分布；黄色萤石呈橘黄色至黄色；粉色萤石常见艳丽的粉红色（图 11-25），多以八面体形状产出。多色萤石（图 11-26）为

图 11-23　浅绿色八面体萤石晶体
（图片来源：Ra'ike，Wikimedia Commons，
CC BY-SA 3.0 许可协议）

图 11-24　产自墨西哥的浅蓝色八面体萤石晶体
（图片来源：Parent Géry，Wikimedia Commons，
CC BY-SA 3.0 许可协议）

图 11-25　粉红色萤石戒面
（图片来源：Sailko，Wikimedia Commons，
CC BY 3.0 许可协议）

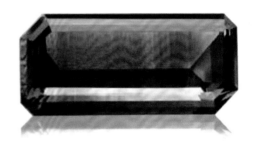

图 11-26　产自巴西重 77.36 克拉的多色萤石戒面
（图片来源：Hyrsl J，2007）

多种颜色呈条带状出现，可见黄色、橙色、绿色、紫色等，主要产于阿根廷里奥内格罗
（ Rio Negro ）、巴西巴伊亚州（ Bahia State ）等地。单晶萤石颗粒大、透明、颜色鲜艳、
均匀或呈独特的条纹，以祖母绿色、葡萄紫色、紫罗兰色为最佳，可琢磨成刻面宝石。

二、萤石矿物晶体观赏石

　　萤石的晶体大小悬殊较大，颜色稀有、形态完整、自形程度高者可作为珍贵的矿物
晶体观赏石（ 图 11-27 ～ 图 11-29 ）。多晶质萤石常为粒状集合体，产量稀少，半透
明至不透明，条带清晰、颗粒细腻者可作首饰或观赏石，如英国德比郡产出的"蓝色约
翰"（ 图 11-30 ）等。

图 11-27 自形程度高的紫色萤石晶簇
（图片来源：国家岩矿化石标本资源共享平台，
www.nimrf.net.cn）

图 11-28 与烟晶共生的橙红色萤石晶簇
（图片来源：Rob Lavinsky，iRocks.com，Wikimedia
Commons，CC BY-SA 3.0 许可协议）

图 11-29 呈现规则平行连生的紫色萤石晶体
（图片来源：Rob Lavinsky，iRocks.com，Wikimedia
Commons，CC BY-SA 3.0 许可协议）

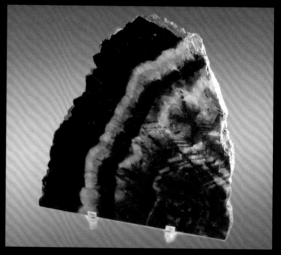

图 11-30 产自英国德比郡的"蓝色约翰"
条带状萤石观赏石
（图片来源：Andy Mabbett，Wikimedia Commons，
CC BY-SA 3.0 许可协议）

第五节

萤石的产地与成因

一、萤石的产地

宝石级萤石的主要产地有中国、美国、哥伦比亚、加拿大、英国、纳米比亚以及奥地利、瑞士、意大利、德国、捷克、斯洛伐克、俄罗斯、西班牙、澳大利亚、南非、墨西哥等。中国是世界上萤石矿产最多的国家之一，占世界萤石储量的35％，宝石级萤石储量主要集中在浙江、甘肃、河北、河南等地区。

英国德比郡的卡斯尔顿地区，盛产蓝紫色、黄紫色条纹相间以及不透明的多晶质萤石"蓝色约翰"；南非扎里科（Zarico）地区产出的萤石一般为无色，常与石英、方解石、滑石共生；我国浙江武义产出的萤石以浅绿—绿色为主，还有无色、紫红色和蓝色萤石，常可见无色透明立方体和八面体萤石晶簇。

二、萤石的成因

萤石是一种分布较广的矿物，可产于热液充填型脉状矿床、交代型层状矿床、沉积热液型矿床和碳酸岩－酸性杂岩体矿床中。宝石级萤石主要产出于热液型矿床中。

第十二章
Chapter 12
天然玻璃

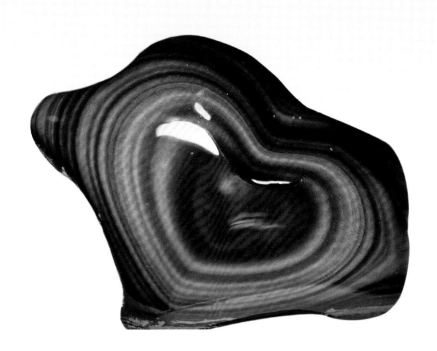

　　天然玻璃，即自然条件下形成的"玻璃"，根据成因可分为两种：一种是由火山喷发形成的火山玻璃，包括珠宝中常见的黑曜岩和少见的玄武玻璃；另一种是由陨石降落到地球上形成的玻璃陨石，主要包括莫尔道玻璃、雷公墨；还有新兴的成因待明确的利比亚沙漠玻璃。

第一节

天然玻璃的宝石学特征

一、天然玻璃的基本性质

（一）矿物组成

天然玻璃主要为非晶质体，通常含有少量石英、长石、辉石等矿物的微晶、斑晶、骸晶。

（二）化学成分

天然玻璃的成分主要为 SiO_2、Al_2O_3、FeO、Fe_2O_3、MgO、Na_2O、K_2O 等，不同类型天然玻璃的成分有较大差异。

（三）晶系及结晶习性

天然玻璃属于非晶质体。

二、天然玻璃的物理性质

（一）光学性质

1. 颜色

火山玻璃呈黑色（常带白色斑纹）、褐至褐黄色、橙色、红色，绿色、蓝色、紫红色少见。颜色的不同是与内部微小气泡包裹体的折射有关。玻璃陨石呈绿色、绿棕色和棕色。

2. 光泽

天然玻璃呈玻璃光泽。

3. 透明度

天然玻璃为透明至不透明。

4. 折射率与双折射率

天然玻璃的折射率为 1.490（+0.020，−0.010）；无双折射率。

5. 光性

天然玻璃为均质体。

6. 吸收光谱

天然玻璃无特征吸收光谱。

7. 紫外荧光

天然玻璃在紫外灯下呈惰性。

8. 特殊光学效应

天然玻璃极少见有猫眼效应。

（二）力学性质

1. 摩氏硬度

天然玻璃的摩氏硬度为 5 ～ 6。

2. 密度

火山玻璃的密度为 2.40（±0.10）克 / 厘米 ^{3}；玻璃陨石的密度为 2.36（±0.04）克 / 厘米 ^{3}。

3. 解理及断口

天然玻璃无解理，断口呈贝壳状。

三、包裹体特征

天然玻璃内部可见圆形和拉长气泡及流动构造，黑曜岩中常见晶体包体、似针状包体，利比亚沙漠玻璃内部偶含黑色包体、白色圆形包裹体。

第二节

天然玻璃的主要品种

一、黑曜岩

关于黑曜岩（Obsidian）的记载最早可追溯到公元 77 年古罗马普林尼所著《自然史》的英文译本，其中曾提到黑曜岩是由罗马探险家在埃塞俄比亚发现的。

黑曜岩是酸性火山熔岩快速冷凝的产物。黑曜岩的主要化学成分为 SiO_2，含量在 60％~75％，此外还含有 Al_2O_3、Na_2O、K_2O、FeO、Fe_2O_3 等。几乎全部由玻璃质组成，通常会有少量石英、长石等矿物的微晶、斑晶、骸晶。

根据外观形态、颜色及内含物的不同，黑曜岩又可细分为以下品种：雪花黑曜岩（Snowflake Obsidian）、桃红黑曜岩（Mahogany Obsidian）、彩虹黑曜岩（Rainbow Obsidian）、金沙黑曜岩（Golden Sheen Obsidian）、银沙黑曜岩（Silver Sheen Obsidian）和阿帕契之泪（Apache Tears）等。

（一）雪花黑曜岩

雪花黑曜岩是一种黑色基底上带有如同朵朵雪花的白色斑块或其他杂色斑块和条带的含斜长石聚斑状黑曜岩（图 12-1、图 12-2），其主要矿物为玻璃质及隐晶质，斑晶主要由白色斜长石组成，含有少量钾长石。

（二）桃红黑曜岩

桃红黑曜岩是一种黑色、褐红色条带相间分布的黑曜岩（图 12-3），因含赤铁矿而产生红褐色条带，常用于雕刻艺术品。红色、黑色、灰色三色相间且透明度较好的黑曜石，因其颜色与花纹同锦鲤十分相似，又被称为"冰种锦鲤黑曜石"。有极少量的通体红色的黑曜岩，即"麦加红"。

图 12-1　雪花黑曜岩
（图片来源：国家岩矿化石标本资源共享平台，
www.nimrf.net.cn）

图 12-2　雪花黑曜岩手串
（图片来源：陈慧提供）

图 12-3　桃红黑曜岩
（图片来源：David Carter，www.mindat.org）

（三）彩虹黑曜岩

黑曜岩中有时会含有矿物晶体、岩石碎屑、气体等微小包体，由于它们对光的反射、干涉和衍射而使黑曜岩具有一定的虹彩（图 12-4、图 12-5）。

图 12-4　产自墨西哥哈利斯科州的彩虹黑曜岩
（图片来源：Alfredo Banos，www.mindat.org）

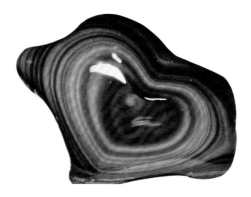

图 12-5　呈现彩色环带的彩虹黑曜岩
（图片来源：Silvio Steinhaus，www.mindat.org）

（四）金沙黑曜岩

黑曜岩中含有金属矿物等包裹体，使其呈现金黄色的金属"光泽"（图12-6）。

（五）银沙黑曜岩

黑曜岩中含有金属矿物等包裹体，使其呈现银白色的金属"光泽"（图12-7）。

（六）阿帕契之泪黑耀岩

阿帕契之泪黑耀岩是一种呈水滴状、瘤状、球状或饼状，透明至不透明的黑曜岩结核（图12-8），产于美国亚利桑那州，其名源自北美印第安部落的阿帕契（Apache）传说。传说该部落的一支队伍中了敌人的埋伏，寡不敌众，全军覆没，噩耗传来，家人们痛哭的眼泪洒落到地上，就变成了一颗颗黑色的小石头，故而黑曜岩被印第安人称为"阿帕契之泪"和"不再哭泣的宝石"。

冰种黑曜岩，是阿帕契之泪黑曜岩中透明度很高的一种（图12-9）。它通透灵动，有如同水晶一般的透光性，其内部凝结的生成纹路在光照下清晰可见。

图 12-6　金沙黑曜岩手串
（图片来源：烨薰提供）

图 12-7　银沙黑曜岩圆珠

图 12-8　产自美国亚利桑那州的阿帕契之泪黑耀岩
（图片来源：Rob Lavinsky & MineralAuctions.com, www.mindat.org）

图 12-9　冰种黑曜岩吊坠
（图片来源：慧文提供）

第二节　天然玻璃的主要品种

二、玄武玻璃

玄武玻璃（Basalt glass）的颜色多为带绿色色调的黄褐色、蓝绿色。玄武玻璃与黑曜岩相同，也是火山熔岩快速冷凝的产物。但玄武玻璃在成分上与黑曜岩有较大差异，其 SiO_2 的质量分数在 40% ~ 50%，低于黑曜岩的 60% ~ 75%，而 MgO、FeO 和 Fe_2O_3、Na_2O、K_2O 等的含量高于黑曜岩。玄武玻璃的密度为 2.70 ~ 3.00 克/厘米^3，折射率为 1.58 ~ 1.65，常含有长石、辉石等矿物微晶，多作为工业用材，少见宝石。

三、莫尔道玻璃

莫尔道玻璃（Moldavite），1787 年被发现于捷克一条以法语 Moldau 命名的河流中，便由此得名。

莫尔道玻璃的透明度是所有玻璃陨石中最高的，其颜色介于棕色与绿色之间，通常具"酒瓶绿色"的莫尔道玻璃会被加工切磨成刻面宝石（图 12-10）。莫尔道玻璃的表面常具特征的高温熔蚀结构（图 12-11），内部常见圆形或拉长状气泡及塑性流变构造（图 12-12），少见黑曜岩出现的矿物晶体。

图 12-10　产自捷克的莫尔道玻璃椭圆形刻面型戒面
（图片来源：www.gemdat.org）

图 12-11　表面具有高温熔蚀结构的捷克莫尔道玻璃
（图片来源：VítězslavSnášel，www.mindat.org）

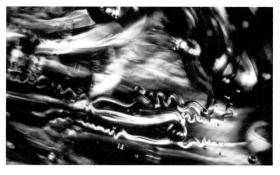

图 12-12　莫尔道玻璃内部的流动构造
（图片来源：Anthony de Goutière 提供）

四、雷公墨

雷公墨（Lei-gong-mo）是指在我国海南岛和雷州半岛发现的呈墨黑色、漆黑色的不透明玻璃陨石，因其常在雷雨之后发现，以致古人误以为其是雷电造成的，是传说中雷公画符遗留的墨块。

五、利比亚沙漠玻璃

利比亚沙漠玻璃（Libyan desert glass）是一种新兴的天然玻璃品种，被发现于埃及西部、利比亚边境附近。利比亚沙漠玻璃的 SiO_2 含量高达 96.5%～99%，内部十分纯净，常呈透明的黄绿色（图12-13）。

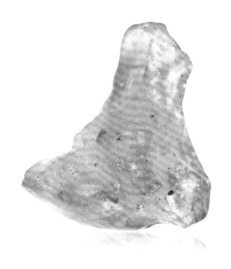

图 12-13　利比亚沙漠玻璃
（图片来源：Brian Kosnar-Mineral Classics，
www.mindat.org）

第三节
天然玻璃的产地与成因

一、天然玻璃的产地

宝石级黑曜岩主要产于北美，如美国怀俄明州的黄石国家公园及科罗拉多州、内华达州、加利福尼亚州等地。此外，意大利、墨西哥、新西兰、冰岛、希腊等也有宝石级黑曜岩产出。

玄武玻璃最著名的产地是澳大利亚的昆士兰州。

玻璃陨石具有广泛而限定的地理分布，分布于美国南部得克萨斯州和佐治亚州的玻璃陨石称为北美群；分布于中欧捷克、斯洛伐克、奥地利的莫尔达维河流域的玻璃陨石称为莫尔达维石群；分布于象牙海岸的玻璃陨石称为象牙海岸群；最大的一个玻璃陨石群是澳大利亚—东南亚玻璃陨石群，广泛分布于澳大利亚、东南亚半岛及我国的南部地区。

被人们所熟知的莫尔道玻璃最早且主要发现于捷克，因此又称"捷克玻璃陨石"；雷公墨主要分布于我国的海南岛和雷州半岛；利比亚沙漠玻璃被发现于东撒哈拉沙漠，位于利比亚东部和埃及西部附近。

二、天然玻璃的成因

黑曜岩是酸性火山熔岩快速冷凝的产物，在地球上分布广泛。玄武玻璃是玄武岩浆喷发后快速冷凝形成的，多为碱性玄武岩的喷发物。大多数观点认为，玻璃陨石是地球外物体降落到地球时物质熔融的产物。

第十三章
Chapter 13
其他特色玉石

　　近年来，随着珠宝玉石市场的蓬勃发展以及国内外玉石资源的不断发掘，一些鲜有人知的玉石品种也逐渐走进人们的视野并被人们熟知。它们独具特色，各领风骚，在百花齐放的珠宝玉石市场上占有一席之地，为众多宝玉石爱好者拓展了收藏的广度和深度，推动着宝玉石行业的繁荣发展。

第一节

葡萄石

葡萄石（Prehnite），正如它的名字一样，有着青葡萄状形象逼真的外形和颜色。其淡雅的绿色和细腻的质地可与翡翠相媲美，价格却更容易被大众接受。因此，近年来，葡萄石活跃在国内外各大珠宝品牌的产品设计中，设计师寄予它灵动的神韵，成为广大珠宝爱好者心目中一颗珍贵的"明珠"。

一、葡萄石的历史与文化

葡萄石是半透明—透明的硅酸盐类矿物，它是矿物学上第一次以人名来命名的矿物。1788 年，葡萄石首次发现于南非克拉多克干旱台地高原的辉绿岩中。葡萄石的英文名称 Prehnite 是以丹麦矿物学家亨德里克·冯·普雷恩（Hendrik von Prehn）上校的姓氏命名的，普雷恩上校是好望角早期的殖民者，因此葡萄石也有"好望角祖母绿"之称。

二、葡萄石的宝石学特征

（一）矿物名称

葡萄石的矿物名称为葡萄石（Prehnite）。

（二）化学成分

葡萄石的晶体化学式为 $Ca_2Al(AlSi_3O_{10})(OH)_2$，可含铁（Fe）、镁（Mg）、锰（Mn）、钠（Na）、钾（K）等元素以及水（H_2O），其中水含量为 4.37%。葡萄石化学成分稳定，经常有 Fe^{3+} 置换 Al^{3+}，有时达 11%。镁、锰、钠、钾等含量较低。

第一节　葡萄石

189

（三）晶系及结晶习性

葡萄石属于低级晶族，斜方晶系。葡萄石晶体常为柱状、板状，其主要单形有斜方柱 $m\{110\}$、平行双面 $a\{100\}$、$c\{001\}$。单晶体较少见，常呈多晶质集合体产出。

（四）结构构造

葡萄石常呈纤维状、放射状结构，板状（图 13-1）、片状、葡萄状（图 13-2）、肾状和致密块状构造。

图 13-1　板状葡萄石集合体
（图片来源：Bill Dameron，www.mindat.org）

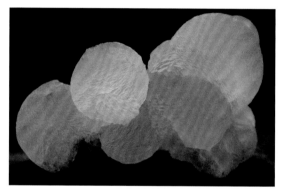

图 13-2　葡萄状葡萄石集合体
（图片来源：Lopatkin Oleg，www.mindat.org）

（五）晶体结构

葡萄石的晶体结构具有介于层状和架状之间的硅氧骨干（$AlSi_3O_{10}$）$_n^{5n-}$。这种过渡类型的 Si—O 骨干称为葡萄石架状层，层平行于（001）。（$AlSi_3O_{10}$）$_n^{5n-}$ 骨干层是由三层（Si，Al）O_4 通过角顶连接而成，架状层之间通过 $AlO_4(OH)_2$ 配位八面体连接，其间较大空隙为 Ca^{2+} 所充填，Ca^{2+} 配位数为 7（图 13-3）。

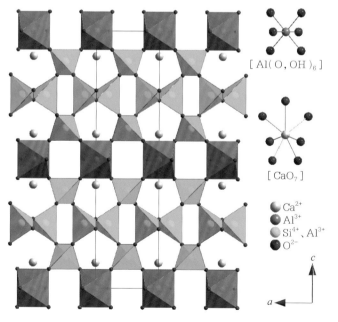

[Al(O,OH)$_6$]

[CaO$_7$]

Ca^{2+}
Al^{3+}
Si^{4+}，Al^{3+}
O^{2-}

图 13-3　葡萄石的晶体结构示意图
（图片来源：秦善提供）

（六）光学性质

1. 颜色

葡萄石的颜色多为带各种色调的绿色（图 13-4、图 13-5），还有浅黄色、肉红色（图 13-6）、白色（图 13-7）。

图 13-4　绿色葡萄石戒面

图 13-5　黄绿色葡萄石吊坠

图 13-6　葡萄石胸针

图 13-7　白色葡萄石

2. 透明度

葡萄石为透明至半透明。

3. 折射率与双折射率

葡萄石的折射率为 1.616 ~ 1.649（+0.016，−0.031），点测为 1.63；双折射率为 0.020 ~ 0.035。有时会随 Fe^{3+} 置换 Al^{3+} 含量的增加而增大。

4. 光性

葡萄石单晶为二轴晶，正光性。但葡萄石常呈集合体出现，光性表现为多晶质集合体特征。

5. 吸收光谱

葡萄石在 438 纳米处可见弱吸收带（图 13-8）。

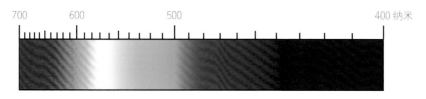

图 13-8　葡萄石的吸收光谱

191

6. 紫外荧光

葡萄石在紫外灯下呈惰性。

7. 特殊光学效应

葡萄石可见猫眼效应，但极为罕见。

（七）力学性质

1. 摩氏硬度

葡萄石的摩氏硬度为 6 ~ 6.5。

2. 密度

葡萄石的密度为 2.80 ~ 2.95 克 / 厘米^3。

3. 解理及断口

葡萄石具有 {001} 完全至中等解理，集合体通常不可见。断口呈参差状。

（八）包裹体

葡萄石内可见角闪石、绿帘石等固态针状、片状包体。放大检查葡萄石内部常呈纤维状、放射状结构。

三、葡萄石的相似品及其鉴别

与葡萄石相似的宝玉石品种主要有翡翠、岫玉、绿玉髓、橄榄石等，可以从颜色、折射率、相对密度和结构构造等方面进行鉴别（见本书附表），葡萄石最典型的鉴定特征是其绿—黄绿色的颜色及纤维状、放射状的结构（图 13-9）。

图 13-9　刻面型葡萄石戒面
（图片来源：www.wikimedia.org）

四、葡萄石的质量评价

葡萄石的质量可以从颜色、净度、透明度、切工和重量等方面进行评价（图 13-10 ~ 图 13-13）。

葡萄石颜色的评价以浓艳的绿色和较高的饱和度为好，颜色越浓、饱和度越高，葡萄石的价值也越高。除此之外，浓艳的蓝绿色和黄绿色的葡萄石也是葡萄石中的佳品。

葡萄石的净度直接影响其美观和耐久的程度，而点状物、针状物、絮状物、块状物、内部纹理、纤维状、放射状结构、裂纹、包裹体等内、外部特征越少，葡萄石的净度越高，其价值也越高。

葡萄石的透明度一般为透明至半透明，透明度越高，葡萄石的品质越好。

葡萄石的琢型一般是弧面型戒面和圆珠。根据戒面弧度的大小，又将葡萄石戒面分为高拱顶、中拱顶和低拱顶三类。其中高拱顶戒面可以增强葡萄石的色调，因此高拱顶的葡萄石为切工较好的琢型。其底面一般为平面，有时为了尽量保重，将葡萄石的底面琢磨成中拱顶或低拱顶，戒面的克拉重量会大一些。

相同品质的葡萄石，克重越大，其价值越高。

图 13-10　优质葡萄石戒指

图 13-11　葡萄石项链

图 13-12　葡萄石手链
（图片来源：烨薰提供）

图 13-13　葡萄石珠串
（图片来源：烨薰提供）

五、葡萄石的产地与成因

国外宝石级葡萄石的产地主要有美国、加拿大、巴西、英国、法国等；国内主要的葡萄石产地多集中在西南地区，如云南北部和中部，四川乐山、泸州等地。国内市场

上的绿色葡萄石多产于巴西、美国、南非、澳大利亚等国，国产的绿色葡萄石多来自四川。

葡萄石的成因有三种类型，分别是岩浆成因、沉积成因和变质成因，其中，大部分宝石级葡萄石为岩浆成因。

岩浆成因的葡萄石多见于基性火山喷出岩的气孔中，发生热液充填交代作用，而呈粒状、板状或扇状产于玄武岩气孔中。

沉积成因的葡萄石较少见，多产于凝灰岩中，呈脉状或以胶结物的形式出现，其粒径一般较小。

变质成因的葡萄石是热液蚀变过程中产生的一种次生矿物，常呈致密块状或长柱状、锥状，内部常含有纤维状的透闪石或阳起石晶体，这样的葡萄石有时称作"发丝葡萄石"，产量稀少，能作为宝石者更为稀少。

第二节

查罗石

查罗石（Charoite）主要组成矿物为紫硅碱钙石，因其具有优雅纯正的紫色、形似龙云飞舞般独特的长纤状缠绕纹理，俗称"紫龙晶"。查罗石闪动的丝绢光泽饱含灵秀之感，近年来颇受人们喜爱，经过精细的切磨不仅可以制成首饰品，其原石也可作为观赏石收藏。

一、查罗石的历史与文化

1949 年，全苏地质队在季特米尔（В. Г. Дитмар）地区发现了一种具有丁香紫色的石头，但由于缺少实验设备，无法对其进行深入研究。20 世纪 50 年代末期，俄罗斯地质学家罗果娃（В. П. Рогова）和罗果夫（Ю. Г. Рогов）在该地对这种具有丁香紫色的石头展开了研究。经反复研究后，这种互相缠绕的纤维状紫色和白色矿物组成的集合体于1976年被正式命名为 Charoite，意为"魅力之石"，中文名音译为查罗石（图13-14）。

图13-14　互相缠绕的纤维状紫色和白色矿物组成的集合体——查罗石

（图片来源：James St. John，iRocks.com，Wikimedia Commons，CC BY-SA 2.0 许可协议）

二、查罗石的宝石学特征

（一）矿物组成

查罗石的主要组成矿物为紫硅碱钙石，次要矿物为钾长石、石英、碳酸盐矿物、碱性角闪石、霓石、黄铁矿、黄铜矿等。其中，紫色部分含量在50%～90%，为纤维状紫硅碱钙石；白色斑点或斑块主要为钾长石、方解石、碳酸锶矿矿物颗粒；金黄色斑点通常为黄铁矿、黄铜矿；黑色、褐色斑点为碱性角闪石。

（二）化学成分

查罗石主要组成矿物紫硅碱钙石的晶体化学式为 $(K, Na)_5(Ca, Ba, Sr)_8(Si_6O_{15})_2$ $Si_4O_9(OH, F) \cdot 11H_2O$，为富钙、钾、钠的硅酸盐矿物，可含有锰（Mn）、钛（Ti）等微量元素，其中 Mn^{3+} 为其主要致色元素，锰的含量越高，紫色越深。

（三）晶系及结晶习性

查罗石主要组成矿物紫硅碱钙石属低级晶族，单斜晶系。单晶少见，呈纤维状、束状，常以多晶质集合体产出。

（四）结构构造

查罗石常见纤维变晶结构（图13-15）、放射状或帚状结构、柱状变晶结构、包含变晶结构、交代残余结构，呈弯曲变形构造、块状构造等。

195

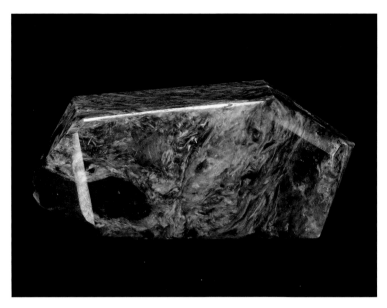

图 13-15　具有纤维变晶结构的查罗石

（图片来源：Rob Lavinsky，www. MineralAuctions.com）

（五）光学性质

1. 颜色

查罗石以紫红色为主，可有白色、金黄色、黑色、褐色、棕色斑点。

2. 光泽

查罗石具有玻璃光泽，局部常见丝绢光泽和蜡状光泽。

3. 透明度

查罗石为半透明至微透明。

4. 折射率与双折射率

查罗石的折射率为 1.550 ~ 1.559（点测约 1.55），折射率的大小随成分的变化而变化，白色部位碳酸盐矿物的折射率略高于紫色部位；双折射率集合体不可测。

5. 光性

查罗石为非均质集合体，其主要组成矿物紫硅碱钙石单晶为二轴晶，正光性。

6. 紫外荧光

查罗石的紫色部分在紫外灯下呈惰性；白色团块部分为碳酸盐矿物，在长波紫外灯下呈惰性，短波可见橙红色荧光。

（六）力学性质

1. 摩氏硬度

查罗石的摩氏硬度为 5 ~ 6。

2. 密度

查罗石的密度为 2.68（+0.10，−0.14）克／厘米^3，随成分的变化而变化，通常白色碳酸盐矿物团块含量越高，密度越大。

3. 解理及断口

查罗石的主要组成矿物紫硅碱钙石单晶体具有三组解理，集合体不可见。断口呈参差状。

三、查罗石的优化处理与相似品

（一）查罗石的优化处理及其鉴别

1. 染色处理

目前市面上常用紫色染料浸泡查罗石来进行染色处理，以使其颜色更加鲜艳均匀。经染色处理的查罗石，放大检查可见染料沿裂隙分布，用丙酮擦拭会有掉色现象。

2. 充填处理

通常使用无色油、蜡、玻璃或者少量树脂对查罗石的缝隙进行充填，以改善查罗石的净度、耐久性，使其外部光泽更加美观。经充填处理的查罗石放大检查可见充填物表面的光泽与其本身存在差异，且充填处可见气泡；长短波紫外灯下，充填物部分的荧光与查罗石存在差异，并可观察到充填物的分布状态；红外光谱测试可见充填物的特征吸收峰。

3. 辐照处理

通常用于浅紫白色查罗石的改色，用 γ 射线进行辐照处理，可使浅紫色查罗石中稳定的 Mn^{2+} 转化为 Mn^{3+}，从而产生更浓的紫红色。

（二）查罗石的相似品及其鉴别

与查罗石相似的宝玉石品种为苏纪石，可以从颜色、显微特征等方面进行鉴别（见本书附表），查罗石最典型的鉴定特征为具有纤维状结构和丝绢光泽。

四、查罗石的质量评价

查罗石的质量主要从颜色、质地、结构、块度等方面来进行评价（图 13-16、图 13-17）。查罗石的颜色以鲜艳、纯正、总体分布均匀的紫红色为最佳，紫色部分比例越大，其价值越高。质地以细腻、局部显示强丝绢光泽、肉眼看不到明显的白色及褐色杂质为优。在其他质量因素相同的情况下，查罗石的块度越大，其价值越高。

图 13-16　查罗石手串
（图片来源：于亮提供）

图 13-17　查罗石胸坠
（图片来源：陈慧提供）

五、查罗石的产地与成因

俄罗斯西伯利亚南部的穆伦地区是查罗石目前已知的唯一产地。

穆伦地质体主要是中生代岩浆活动的产物，其边缘及破碎带内广泛发育钾长石交代岩——霞石正长岩，热液的进一步交代形成独特的富钾、钙的碱性硅酸盐矿物集合体——查罗石。

第三节

苏纪石

苏纪石（Sugilite），俗称"舒俱来"，因具薰衣草般的深紫色、清新自然的花纹图案而备受人们青睐，又被誉为"千禧之石""南非国宝石"。在珠宝玉石市场中，苏纪石出现的时间不长，很快被广泛接受，常被加工和镶嵌成项链、戒指、吊坠和手镯等。

一、苏纪石的历史与文化

1944 年，日本岩石学家杉健一（Ken-ichi Sugi，1901—1948 年）在日本西部的爱媛县采集到一种新的矿物标本，标本为褐色，并含有绿色点状物质，他便以自己的姓 Sugi 将其命名为 Sugilite，Sugilite 在日语中被译为"杉石"，在中文中被译为"苏纪石"。1979 年，人们在南非北部库鲁曼附近的韦塞尔斯锰矿区，发现了亮紫色的宝石级苏纪石，苏纪石至此才开始慢慢被人们所熟知。此外，因其颜色与深紫色薰衣草十分相似，苏纪石在欧美地区还被称为 Lavulite。

二、苏纪石的宝石学特征

（一）矿物组成

苏纪石的主要矿物组成为苏纪石（Sugilite），即钠锂大隅石，又称硅铁锂钠石，属大隅石族矿物。

（二）化学成分

苏纪石的晶体化学式为 $KNa_2Li_2Fe_2Al(Si_{12}O_{30}) \cdot H_2O$。苏纪石多为集合体，常因矿物组成不同而导致化学成分有明显差异。南非产的宝石级苏纪石因含 Mn^{2+} 而呈现紫色。

（三）晶系及结晶习性

苏纪石属于中级晶族，六方晶系。单晶体苏纪石极为罕见，多以集合体形式出现。

（四）结构构造

苏纪石具有微晶（图 13-18）、粒柱状、团粒状、半自形粒状及隐晶质结构（图 13-19），整体呈块状构造。

图 13-18　苏纪石微晶集合体
（图片来源：Bruce Cairncross，2017）

图 13-19　苏纪石隐晶质集合体
（图片来源：国家岩矿化石标本资源共享平台，www.nimrf.net.cn）

（五）晶体结构

在苏纪石的晶体结构中，[SiO_4] 四面体互相连接形成六方双环，这些六方双环垂直于 c 轴平行排列，并由四面体配位的阳离子和八面体配位的阳离子所连接。上下双环平行于 c 轴方向叠置，两双环间形成十二次配位的空洞。对于苏纪石的阳离子占位，目前还没有定论，主要由 Li^+、Fe^{3+}、Al^{3+}、K^+、Na^+ 等离子充填（图 13-20）。

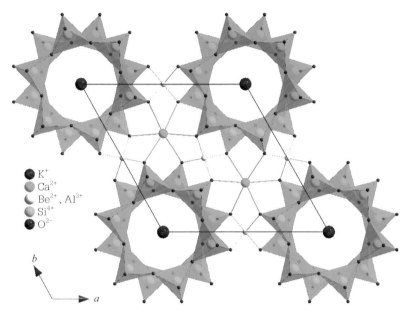

- ● K^+
- ● Ca^{2+}
- ◑ Be^{2+}、Al^{3+}
- ○ Si^{4+}
- ● O^{2-}

图 13-20　苏纪石的晶体结构示意图
（图片来源：秦善提供）

（六）光学性质

1. 颜色

苏纪石颜色多为红紫色（图 13-21）和蓝紫色（图 13-22），少见粉红色。Fe^{2+}、Fe^{3+} 和 Mn^{2+} 为苏纪石的致色离子。

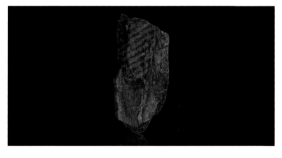

图 13-21　红紫色苏纪石
（图片来源：Rob Lavinsky，iRocks.com，Wikimedia Commons，CC BY-SA 3.0 许可协议）

图 13-22　蓝紫色苏纪石
（图片来源：Rob Lavinsky，iRocks.com，Wikimedia Commons，CC BY-SA 3.0 许可协议）

2. 光泽

苏纪石具有蜡状光泽或玻璃光泽。

3. 透明度

苏纪石为半透明至不透明。

4. 折射率与双折射率

苏纪石的折射率为 1.607 ~ 1.610（+0.001，−0.002），点测折射率通常为 1.61，但有时由于其内部具石英杂质，会测到 1.54 的低值；双折射率为 0.003。

5. 光性

苏纪石为非均质集合体，其主要组成矿物苏纪石为一轴晶，负光性。

6. 吸收光谱

苏纪石由铁元素和锰元素共同致色，表现为 550 纳米处的强吸收带，在紫区 411 纳米、419 纳米、437 纳米和 445 纳米处有锰和铁的吸收线。

7. 紫外荧光

苏纪石在长波紫外灯下可见无至中等荧光，短波紫外灯下可见蓝色荧光。

（七）力学性质

1. 摩氏硬度

苏纪石的摩氏硬度为 5.5 ~ 6.5。

2. 密度

苏纪石的密度为 2.74（+0.05）克 / 厘米^3。

3. 解理及断口

苏纪石无解理，断口呈不平坦状。

三、苏纪石的优化处理与相似品

（一）苏纪石的优化处理及其鉴别

苏纪石常见的优化处理方法为染色处理和充填处理。

染色处理主要针对石英较多的苏纪石样品。经染色处理的苏纪石，放大检查可见颜色分布不均匀，多富集在裂隙、粒隙间或表面凹陷处。染料有时可引起特殊荧光，经丙酮或无水乙醇等溶剂擦拭可掉色。

对于有裂隙或者结构较为松散的苏纪石，通常采用充填处理方式，将人工树脂充填到苏纪石内部，可以轻微改善其外观及耐久性。经充填处理的苏纪石，放大检查可见充

填部分表面光泽与主体玉石有差异，红外光谱测试可见充填物特征峰，运用紫外荧光观察仪等进行发光图像分析，可观察到充填物的分布状态。

（二）苏纪石的相似品及其鉴别

大部分的苏纪石为粒状集合体，极少数的苏纪石为隐晶质集合体。与粒状集合体苏纪石相似的宝玉石品种有查罗石，易与隐晶质集合体的苏纪石相混淆的宝石为紫色玉髓。可以从颜色、结构构造、光泽、折射率、吸收光谱、紫外荧光等方面进行鉴别（见本书附表）。苏纪石最典型的鉴定特征是其亮紫色体色、同时有锰和铁的吸收线、短波紫外灯下可见蓝色荧光。

四、苏纪石的质量评价

苏纪石的质量可以从颜色、结构、透明度、净度和块度五个方面进行评价。颜色在苏纪石的质量评价中占有举足轻重的地位，苏纪石的颜色以饱和度较高的紫色、紫红色、带蓝色调的紫色为主，颜色鲜艳、均匀者为佳（图13-23、图13-24），伴有杂质矿物的苏纪石以花纹图案的均匀自然为佳（图13-25）。苏纪石的结构越细腻，品质越好，其中隐晶质结构的苏纪石品质最佳。苏纪石越透明，内部的杂质矿物越少，品质越高，价值也越高。在相同颜色、结构、透明度和净度的情况下，块度越大，价值越高。

图13-23　苏纪石戒指

图13-24　苏纪石手串
（图片来源：苏菲亚提供）

图13-25　苏纪石素身牌

五、苏纪石的产地与成因

苏纪石的产地有南非、日本、印度等地。南非是宝石级苏纪石目前的唯一产地。

南非韦塞尔斯（Wessels）锰矿产出的宝石级苏纪石因含有大量的锰元素而呈现深紫色（图13-26），大部分为不透明，极小部分为半透明（图13-27），只占全部产量的0.1%。

日本、印度产出的苏纪石由于苏纪石含量少、晶体小、颜色暗淡不鲜明，通常不具有宝石价值。

苏纪石为碱性热水溶液流经碳酸盐型锰矿时，发生接触变质作用而形成的矽卡岩类矿物。其伴生矿物有褐锰矿、锥辉石（霓石）、钙铁榴石、硅灰石、针钠钙石、符山石、钙锰橄榄石和石英等。苏纪石一般赋存于锰矿层缝隙之间（图13-28），偶尔以多个苏纪石层生长形式产出，或者以不规则块状充填在锰矿角砾岩的孔隙中（图13-29）。

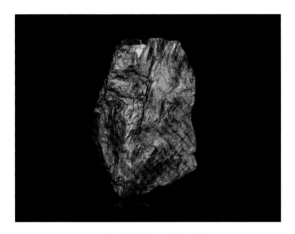

图13-26 锰致色的深紫色苏纪石原石
（图片来源：www.wikimedia.org）

图13-27 半透明苏纪石晶体
（图片来源：Bruce Cairncross, 2017）

图13-28 苏纪石赋存于锰矿层缝隙间
（图片来源：国家岩矿化石标本资源共享平台，
www.nimrf.net.cn）

图13-29 苏纪石呈不规则充填于锰矿角砾岩孔隙
（图片来源：国家岩矿化石标本资源共享平台，
www.nimrf.net.cn）

第四节

方钠石

方钠石（Sodalite）最早在 1811 年发现于格陵兰岛西部的伊利毛萨克（Ilimaussaq），直到 1891 年在加拿大安大略开采出优质矿床后，人们才意识到其重要的装饰作用，蓝色透明晶体作观赏石或磨制为宝石，不透明集合体制作成雕件，深受宝玉石爱好者的喜爱。方钠石不仅得名于其钠元素含量高，也因其多呈三向等长型的晶体习性。由于方钠石颜色与青金石十分相仿，在商业上俗称"加拿大青金石"。

一、方钠石的宝石学特征

（一）矿物组成

方钠石的主要组成矿物为方钠石（Sodalite），常与钙霞石、黑榴石、方解石等矿物共生。

（二）化学成分

方钠石为一种架状钠铝硅酸盐矿物，其晶体化学式为 $Na_8(AlSiO_4)_6Cl_2$，其中钠（Na）可被钾（K）和钙（Ca）少量类质同象替代。

（三）晶系及结晶习性

方钠石属高级晶族，等轴晶系，晶体少见，呈立方体或与菱形十二面体成聚形（图 13-30），可依（111）呈双晶；自然界中常以集合体形式产出。

（四）结构构造

方钠石为粗晶质结构，常呈块状、结核状构造。

（五）光学性质

1. 颜色

方钠石多呈蓝色（图 13-30）、深蓝色、紫蓝色，少见灰色、紫色（图 13-31）、黄色（图 13-32）、绿色（图 13-33）、棕色、白色或粉红色，常含白色（也可为黄色或粉红色）条纹或色斑。

图 13-30　产自阿富汗巴达赫尚的
宝石级蓝色方钠石晶体
（图片来源：Vincent Bourgoin, www.mindat.org）

图 13-31　产自加拿大魁北克的紫色方钠石晶体
（图片来源：Quebul Fine Minerals, www.mindat.org）

图 13-32　产自阿富汗的黄色方钠石
（图片来源：Ray Hill, www.mindat.org）

图 13-33　产自格陵兰岛的浅绿色方钠石
（图片来源：Maggie Wilson, www.mindat.org）

2. 光泽

方钠石具有玻璃光泽。

3. 透明度

方钠石的单晶体透明，集合体多为半透明至微透明。

4. 折射率与双折射率

方钠石的折射率为 1.483（±0.004）；无双折射率。

5. 光性

方钠石单晶为均质体，多晶为均质集合体。

6. 吸收光谱

方钠石无特征吸收光谱。

7. 紫外荧光

方钠石在长波紫外灯下可见无至弱的橙红色斑块状荧光，短波下的荧光特征不明显。

8. 查尔斯滤色镜

方钠石在滤色镜下呈红褐色。

（六）力学性质

1. 摩氏硬度

方钠石的摩氏硬度为 5 ~ 6。

2. 密度

方钠石的密度为 2.25（+0.15，−0.10）克 / 厘米^3。

3. 解理及断口

方钠石具 {110} 方向的菱形十二面体中等解理，集合体不易见。断口呈不平坦状。

（七）包裹体

方钠石集合体常见白色或粉红色脉纹，极少见黄铁矿包裹体；半透明晶体可见管状气液包裹体。

（八）其他

方钠石受热可熔化成玻璃质，遇盐酸可分解。

（九）特殊品种

方钠石的含硫亚种紫方钠石（Hackmanite）具有变色效应，其在长波紫外光下呈现明亮荧光（图 13-34）。产于魁北克和格陵兰的紫方钠石在开采之初呈现浅至深的蓝紫色，但暴露在阳光下之后，将快速褪色为灰白色或绿白色；与之相反，产于阿富汗和缅甸的紫方钠石，在阳光下会由最初的奶白色变为紫色，而一旦将其放置于黑暗中，紫色将会褪去。在光色材料领域，紫方钠石是一种优质的天然光致变色矿物材料；在未来的珠宝市场中，饱和度高的紫色可能会因它赢得消费者的青睐。

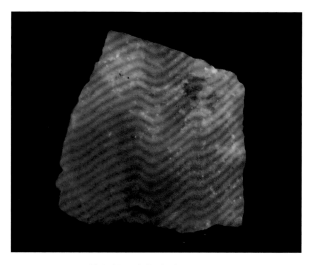

图 13-34　紫方钠石在长波紫外光下呈现明亮荧光

（图片来源：Christopher Clemens, www.mindat.org）

二、方钠石的相似品及其鉴别

与方钠石相似的宝玉石品种主要为青金石，可以从结构构造、颜色、透明度、相对密度、折射率方面进行鉴别（见本书附表），方钠石最典型的鉴定特征为具粗晶质结构，颜色呈斑块状，常见白色或粉红色脉纹，极少见黄铁矿包体。

三、方钠石的产地与成因

方钠石的主要产地为加拿大的安大略、巴西北部的巴伊亚以及挪威北部的芬马克。市场上出现最多的是加拿大安大略出产的方钠石（图 13-35），呈群青蓝色，由于颜色与青金石十分相近，商业上俗称"加拿大青金石"；巴西巴伊亚地区产出的方钠石（图 13-36），其颜色十分浓郁，带有"皇家蓝"的色调，俗称"巴伊亚蓝"；挪威芬马克产出的方钠石块体相对较小、颜色偏灰。

图 13-35　产自加拿大安大略的方钠石集合体
（图片来源：John H. Betts，www.mindat.org）

图 13-36　产自巴西巴伊亚的方钠石集合体
（图片来源：Jorge Moreira Alves，www.mindat.org）

宝石级方钠石晶体的主要产地为阿富汗的巴达赫尚、加拿大的安大略（图 13-37）及魁北克。产自阿富汗巴达赫尚的方钠石晶体颜色较为丰富，有蓝色（图 13-38、图 13-39）、黄色、无色、紫色等，晶体保存较为完整；加拿大方钠石晶体的颜色常表现为略带灰色调的浅蓝色，晶体形态常为半自形。意大利、德国也有少量无色和白色宝石级方钠石产出。在纳米比亚北部和意大利维苏威火山熔岩中发现了一种产量稀少、艳蓝色、透明且呈自形晶体形态的方钠石（图 13-40）。

图 13-37　产自加拿大安大略的宝石级方钠石戒面
（图片来源：Michael Bainbridge, www.mindat.org）

图 13-38　产自阿富汗的宝石级蓝色方钠石晶体
（图片来源：Edwards Minerals, LLC, www.mindat.org）

图 13-39　产自阿富汗巴达赫尚的宝石级蓝色方钠
　　　　　石晶体（与长石共生）
　　（图片来源：Rob Lavinsky, iRocks.com, Wikimedia
　　Commons, CC BY-SA-3.0 许可协议）

图 13-40　产自意大利维苏威的艳蓝色方钠石晶体
（图片来源：Enrico Bonacina, www.mindat.org）

　　方钠石的含硫亚种紫方钠石（Hackmanite）主要产于加拿大安大略及魁北克、俄罗斯科拉半岛、格陵兰岛、中国新疆、阿富汗巴达赫尚等。

　　方钠石产于富钠贫硅的碱性侵入岩（霞石正长岩、霞石正长伟晶岩）、喷出岩（粗面岩、响岩）及与碱性火成岩接触的变质钙质岩中，常与霞石、钙霞石、黑榴石、钠沸石、透长石、萤石等共生。方钠石化磷霞岩中含有白色钠沸石细纹者被称为蓝纹石。

第五节

硅孔雀石

硅孔雀石（Chrysocolla）呈美丽的蓝绿色、海水蓝色，色泽鲜艳，造型奇特，常被作为观赏石或加工成弧面宝石，受到人们的喜爱。

一、硅孔雀石的历史与文化

硅孔雀石的英文名称为 Chrysocolla，来源于古希腊语 χρυσός（意为"金"）和 κολλα（意为"胶"），因其加热可分解出铜，具有焊接黄金和合金的作用，故得此名。公元前 315 年由古希腊哲学家、自然科学家特奥夫拉斯图斯（Theophrastus）首次使用。

二、硅孔雀石的宝石学特征

（一）矿物名称
硅孔雀石的主要组成矿物为硅孔雀石（Chrysocolla）。

（二）化学成分
硅孔雀石是一种水合铜硅酸盐矿物，其晶体化学式为 $(Cu, Al)_2H_2Si_2O_5(OH)_4 \cdot nH_2O$。硅孔雀石具有独特的多微孔结构特性和复杂的矿物化学成分以及多相不均匀性。斯坦福大学的学者对硅孔雀石进行相关谱学研究，认为硅孔雀石可能是由水蓝铜矿 $[Cu(OH)_2]$、水和非晶质二氧化硅（SiO_2）等组成的微细聚合物。来自澳大利亚昆士兰州的学者质疑了该结论，并根据振动光谱研究认为硅孔雀石不是由水蓝铜矿等组成的微细聚合物，而是一种无定形水合硅酸铜。

（三）晶系及结晶习性

硅孔雀石晶体属低级晶族，单斜晶系，其针状单晶体极为罕见，自然界中硅孔雀石多以隐晶质或胶状集合体出现。

（四）结构构造

硅孔雀石具有微晶—隐晶质结构，整体呈块状、葡萄状（图 13-41）、钟乳状（图 13-42）、皮壳状、土状或充填脉状等构造。

图 13-41　产自中国湖北大冶的葡萄状硅孔雀石
（图片来源：国家岩矿化石标本资源共享平台，
www.nimrf.net.cn）

图 13-42　产自美国亚利桑那州的钟乳状硅孔雀石
（表面覆着石英，断口显露出蓝绿色硅孔雀石）
（图片来源：Rob Lavinsky，iRocks.com，Wikimedia
Commons，CC BY-SA-3.0 许可协议）

（五）光学性质

1. 颜色

硅孔雀石常见蓝绿色（图 13-43 ~ 图 13-45）、蓝色（图 13-46），含杂质时可变成褐色到黑色。

图 13-43　产自刚果的蓝绿色硅孔雀石
（图片来源：Reinhard Dallinger，www.mindat.org）

图 13-44　蓝绿色硅孔雀石
（图片来源：Rob Lavinsky，iRocks.com，Wikimedia
Commons，CC BY-SA-3.0 许可协议）

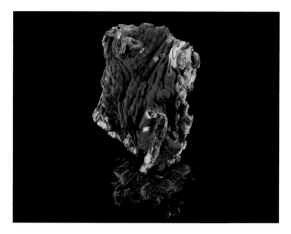

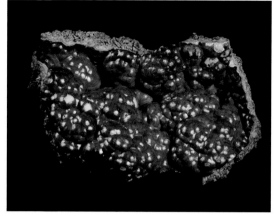

图 13-45　蓝绿色硅孔雀石（外壳为孔雀石）
（图片来源：国家岩矿化石标本资源共享平台，
www.nimrf.net.cn）

图 13-46　蓝色硅孔雀石
（图片来源：国家岩矿化石标本资源共享平台，
www.nimrf.net.cn）

2. 光泽

硅孔雀石具有玻璃光泽，可呈蜡状光泽及土状光泽。

3. 透明度

硅孔雀石呈微透明至不透明。

4. 折射率与双折射率

硅孔雀石的折射率为 1.461 ～ 1.570，集合体点测为 1.50；双折射率为 0.006，集合体双折射率不可测。

5. 光性

硅孔雀石常呈非均质集合体，其单晶为二轴晶，正光性。

6. 吸收光谱

硅孔雀石无特征吸收光谱。

7. 紫外荧光

硅孔雀石在紫外灯下呈惰性。

（六）力学性质

1. 摩氏硬度

硅孔雀石的摩氏硬度为 2 ～ 4，当集合体中二氧化硅含量较高时可达 6 左右。

2. 密度

硅孔雀石的密度为 2.0 ～ 2.4 克 / 厘米^3。

3. 断口

硅孔雀石断口呈贝壳状。

（七）特殊品种

埃拉特石（Eilat Stone）是一种由硅孔雀石、孔雀石和其他铜矿物相伴生组合而成的蓝色、绿色斑杂状集合体。密度为 2.8 ~ 3.2 克 / 厘米³。产自红海亚喀巴湾的埃拉特。

三、硅孔雀石的产地与成因

硅孔雀石著名的产地包括美国亚利桑那州（图 13-47）、澳大利亚的南澳大利亚洲、印度尼西亚巴占群岛、以色列亭纳、智利奇卡马塔矿（图 13-48）、刚果（图 13-49、图 13-50）、英格兰康沃尔、墨西哥索诺拉州以及中国新疆、福建、湖北等地。

图 13-47　产自美国亚利桑那州的硅孔雀石
（图片来源：Rob Lavinsky，iRocks.com，Wikimedia Commons，CC BY-SA-3.0 许可协议）

图 13-48　产自智利的硅孔雀石
（图片来源：Rob Lavinsky，iRocks.com，Wikimedia Commons，CC BY-SA-3.0 许可协议）

图 13-49　产自刚果的硅孔雀石
（图片来源：Rob Lavinsky，iRocks.com，Wikimedia Commons，CC BY-SA-3.0 许可协议）

图 13-50　产自刚果的硅孔雀石
（与孔雀石共生）
（图片来源：国家岩矿化石标本资源共享平台，www.nimrf.net.cn）

硅孔雀石在世界各地的氧化铜矿床中均有分布，常赋存于层状铜矿床、砂岩型铜矿床中，并与铜矿床的其他次生矿物共生，如孔雀石（图13-50、图13-51）、蓝铜矿（图13-52）、自然铜等。另外，硅孔雀石常与玉髓伴生，为部分蓝色或绿色玉髓的重要内含物。

硅孔雀石通常是在地表化学风化作用下，由铜矿床中含铜矿物氧化而形成的表生矿物，其形成方式主要有两种：一是硫化矿床出露地表后，遭受风化剥蚀，使硫化物直接与富含氧的地表水接触，发生氧化作用形成硅孔雀石；二是由蓝铜矿或孔雀石等碳酸盐矿物与硅酸（H_4SiO_4）等发生化学反应而形成。

图 13-51　产自中国湖北大冶的硅孔雀石
（与孔雀石共生）

（图片来源：国家岩矿化石标本资源共享平台，
www.nimrf.net.cn）

图 13-52　产自美国亚利桑那州的硅孔雀石
（与蓝铜矿、孔雀石共生）

（图片来源：Rob Lavinsky，iRocks.com，Wikimedia
Commons，CC BY-SA-3.0 许可协议）

第六节

异极矿

异极矿（Hemimorphite）因其独有的蓝色而备受关注，常作为观赏石或设计加工成首饰佩戴。异极矿之名源自其特殊的晶体结构，Zn—O 四面体和 Si—O 四面体角顶

相连组成三维架状结构，其中Si—O四面体角顶朝向相同，使单晶体呈现不对称的两个极端，谓之"异极"。结构的不对称性使异极矿具有焦电性，并含有结构水和结晶水。

一、异极矿的宝石学特征

（一）矿物组成

异极矿的主要组成矿物为异极矿（Hemimorphite），常含少量的菱锌矿、褐铁矿、水针铁矿等其他矿物。

（二）化学成分

异极矿的晶体化学式为$Zn_4[Si_2O_7](OH)_2 \cdot H_2O$，可含铜（Cu）、铅（Pb）、钙（Ca）、铁（Fe）、铝（Al）、硫（S）、磷（P）等微量元素。

（三）晶系及结晶习性

异极矿属低级晶族，斜方晶系，单晶呈板状，极少见，通常呈微晶集合体或细小纤维状集合体。

（四）结构构造

异极矿具有细小纤维状、粒状结构，整体呈板粒状晶簇（图13-53）、球状（图13-54）、放射状、钟乳状（图13-55）、肾状、皮壳状（图13-56）等构造。

（五）晶体结构

在异极矿的晶体结构中，Zn^{2+}作四次配位形成$[ZnO_4]$四面体或$[Zn_2(O,OH)_7]$双四面体，整个结构可看作由$[Si_2O_7]$双四面体、$[ZnO_4]$四面体和$[Zn_2(O,OH)_7]$双四面体彼此间以共角顶方式连接组成的三维架状结构。在（001）面上，四面体围成

图 13-53　板粒状异极矿晶簇

（图片来源：Rob Lavinsky，iRocks.com，Wikimedia Commons，CC BY-SA 3.0 许可协议）

图 13-54　球状异极矿集合体

（图片来源：Rob Lavinsky，iRocks.com，Wikimedia Commons，CC BY-SA 3.0 许可协议）

1×2四面体宽度的结构孔道平行 c 轴，H_2O 分子存在于其中。空间群 *Imm*2；a=0.8367 纳米，b=1.073 纳米，c=0.5115 纳米，$\alpha=\beta=\gamma$=90 度，Z=2（图 13-57）。

图 13-55　钟乳状异极矿集合体

（图片来源：Rob Lavinsky，iRocks.com，Wikimedia Commons，CC BY-SA 3.0 许可协议）

图 13-56　皮壳状异极矿集合体

（图片来源：Rob Lavinsky，iRocks.com，Wikimedia Commons，CC BY-SA 3.0 许可协议）

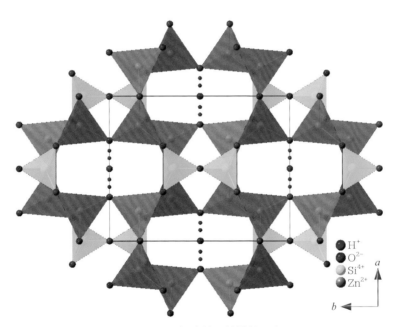

H[+]
O[2-]
Si[4+]
Zn[2+]

图 13-57　异极矿的晶体结构示意图

（沿 c 轴的投影，H_2O 分子存在于四面体围成的结构孔道中）

（图片来源：秦善提供）

（六）光学性质

1. 颜色

异极矿常见白色（图 13-58）、浅蓝—深蓝色（图 13-59 ～图 13-62）、蓝绿色（图 13-63），也可呈灰色、浅黄色、褐色、棕色等。异极矿因 Cu^{2+} 类质同象替换 Zn^{2+} 而呈蓝色，呈纯正艳丽的蓝色者价值最高。

图 13-58　白色异极矿

（图片来源：Rob Lavinsky，iRocks.com，Wikimedia Commons，CC BY-SA 3.0 许可协议）

图 13-59　浅蓝色异极矿

（图片来源：国家岩矿化石标本资源共享平台，www.nimrf.net.cn）

图 13-60　天蓝色异极矿

（图片来源：Rob Lavinsky，iRocks.com，Wikimedia Commons，CC BY-SA 3.0 许可协议）

图 13-61　蓝色异极矿

（图片来源：国家岩矿化石标本资源共享平台，www.nimrf.net.cn）

图 13-62　深蓝色异极矿

（图片来源：Rob Lavinsky，iRocks.com，Wikimedia Commons，CC BY-SA 3.0 许可协议）

图 13-63　蓝绿色异极矿

（图片来源：Rob Lavinsky，iRocks.com，Wikimedia Commons，CC BY-SA 3.0 许可协议）

2. 光泽

异极矿具玻璃光泽，解理面具珍珠光泽，与其含结晶水有关。

3. 透明度

异极矿呈透明至不透明。

4. 折射率与双折射率

异极矿的折射率为 1.614 ~ 1.636；双折射率集合体不可测。

5. 光性

异极矿单晶呈二轴晶，正 / 负光性；集合体为非均质集合体。

6. 吸收光谱

异极矿无特征吸收光谱。

7. 紫外荧光

异极矿通常无荧光，部分样品在长波紫外灯下可见弱的淡粉色荧光，短波可见强的绿色荧光。

（七）力学性质

1. 摩氏硬度

异极矿的摩氏硬度为 4 ~ 5。

2. 密度

异极矿的密度为 3.40 ~ 3.50 克 / 厘米^3。

3. 解理及断口

异极矿具有 {110} 完全解理、{101} 不完全解理，集合体不可见。断口呈参差状至贝壳状。

（八）其他

因异极矿中含有结晶水，当加热或受到紫外线照射后会失去部分结晶水而使色泽变淡。因此，异极矿的成品宝石或矿物标本应尽量避免存放于高温环境。

二、异极矿的产地与成因

异极矿一般产于铅锌硫化物矿床中，由铅锌硫化物矿床经过一系列变质作用形成，根据其产出深度，可分为浅成矿床与深成矿床两种类型。浅成矿床主要集中在南美安第斯、古地中海和东南亚，典型产地有秘鲁阿恰（Accha）、伊朗安格朗（Angouran）、爱尔兰泰纳夫（Tynagh）、哈萨克斯坦沙伊梅尔坚（Shaimerden）、纳米比亚斯科皮恩

（Skorpion）、美国廷蒂克（Tintic）、泰国巴丹（Padaeng）、越南冲奠（Cho Dien）等。深成矿床出露较少，主要矿石矿物为硅锌矿，而异极矿分布于此类矿床的近地表处，代表性产地有巴西瓦赞蒂（Vazante）、澳大利亚贝尔塔纳（Beltana）、赞比亚卡布韦（Kabwe）等。我国的异极矿矿床均属于浅成矿床，在云南、广西、贵州、新疆等省（自治区）均有产出。

异极矿主要产于铅锌硫化物矿床的氧化带，是一种次生氧化矿物，通常呈脉状、团块状充填于铅锌硫化物矿床的氧化淋滤带的裂隙、空洞中（图13-64），常与菱锌矿、水锌矿、白铅矿、褐铁矿等矿物共（伴）生，其围岩多为碳酸盐。其形成过程为：在原生铅锌硫化物矿床中，闪锌矿（ZnS）经氧化形成硫酸锌（ZnSO$_4$），含有硫酸锌的水溶液与碳酸盐围岩发生反应生成菱锌矿（ZnCO$_3$）。淋滤作用进一步进行，菱锌矿与含有二氧化碳（CO$_2$）的水溶液反应生成碳酸氢锌（Zn（HCO$_3$）$_2$）。硫酸锌或碳酸氢锌与氧化–淋滤带中的二氧化硅（SiO$_2$）凝胶体相结合形成异极矿（Zn$_4$[Si$_2$O$_7$]（OH）$_2$·H$_2$O）。

菱锌矿是原生铅锌硫化物矿床发生淋滤作用的中间产物，因此氧化–淋滤作用进行得越彻底，矿床中菱锌矿越少、异极矿越多。

图13-64 产于铅锌矿床的氧化–淋滤带裂隙和空洞中的蓝色异极矿
（图片来源：国家岩矿化石标本资源共享平台，www.nimrf.net.cn）

第七节

菱锌矿

菱锌矿（Smithsonite）最早于 1802 年由英国化学家、矿物学家詹姆斯·史密森（James Smithson，1765—1829 年）发现，随后于 1832 年由法国矿物学家弗朗索瓦·叙尔皮斯·伯当（François Sulpice Beudant，1787—1850 年）正式命名为 Smithsonite，以纪念它的发现者。菱锌矿颜色非常丰富，是一种偏胶体状产出的矿物。其质地细腻、形态各异，甚至无须雕琢就已美轮美奂，是很好的观赏石收藏品。目前，菱锌矿的宝石学价值尚待挖掘。

一、菱锌矿的宝石学特征

（一）矿物名称

菱锌矿的矿物名称为菱锌矿（Smithsonite），属方解石族矿物。

（二）化学成分

菱锌矿的化学成分为 $ZnCO_3$，可含铁（Fe）、锰（Mn）、镁（Mg）、钙（Ca）、钴（Co）、铅（Pb）、镉（Cd）、铟（In）等。

（三）晶系及结晶习性

菱锌矿属中级晶族，三方晶系。菱锌矿晶体呈菱面体或复三方偏三角面体与六方柱的聚形（图 13-65），单晶体较少见。由于菱锌矿是氧化带中的偏胶体矿物，故多以多晶集合体形式产出。

（四）结构构造

菱锌矿集合体常呈粒状、放射状、隐晶质结构，葡萄状（图 13-66、图 13-67）、肾状（图 13-68）、钟乳状、皮壳状（图 13-69）、土状和致密块状构造等。

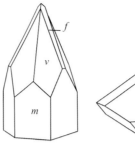

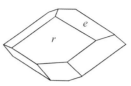

图 13-65　菱锌矿的晶体形态

图 13-66　绿色葡萄状菱锌矿集合体
（图片来源：Rob Lavinsky，iRocks.com，Wikimedia Commons，CC BY-SA 3.0 许可协议）

图 13-67　粉色葡萄状菱锌矿集合体
（图片来源：Danny Jones，www.mindat.org）

图 13-68　白色肾状菱锌矿集合体
（图片来源：国家岩矿化石标本资源共享平台，www.nimrf.net.cn）

图 13-69　绿色皮壳状菱锌矿集合体
（图片来源：Rob Lavinsky，iRocks.com，Wikimedia Commons，CC BY-SA 3.0 许可协议）

（五）晶体结构

菱锌矿的晶体结构与方解石相同，[CO_3]平面三角形垂直于三次轴并呈层排布，同一层内[CO_3]三角形方向相同，而相邻层中的[CO_3]三角形方向相反。Zn^{2+}也垂直于三次轴的方向成层排列，并与[CO_3]交替分布，其配位数是6，构成[$ZnCO_6$]八面体。空间群$R3c$，晶胞参数为：$a=b=0.466$纳米，$c=1.499$纳米，$\alpha=\beta=90$度，$\gamma=120$度，$Z=6$。

（六）光学性质

1. 颜色

菱锌矿颜色较丰富，有白色（图13-70）、黄色（图13-71）、灰色、绿色（图13-72）、粉色（图13-73）、蓝色（图13-74）、红色（图13-75）、紫色、蓝灰色和棕色。Fe^{3+}的存在是菱锌矿呈现黄色的主要原因。

图 13-70　白色菱锌矿晶体

（图片来源：Rob Lavinsky，iRocks.com，Wikimedia Commons，CC BY-SA 3.0 许可协议）

图 13-71　黄色菱锌矿晶体

（图片来源：Rob Lavinsky，iRocks.com，Wikimedia Commons，CC BY-SA 3.0 许可协议）

图 13-72　绿色菱锌矿集合体

（图片来源：Rob Lavinsky，iRocks.com，Wikimedia Commons，CC BY-SA 3.0 许可协议）

图 13-73　粉色菱锌矿集合体

（图片来源：Rob Lavinsky，iRocks.com，Wikimedia Commons，CC BY-SA 3.0 许可协议）

图 13-74 蓝色菱锌矿集合体
（图片来源：吴大林提供）

图 13-75 红色菱锌矿晶体
（图片来源：Rob Lavinsky，iRocks.com，Wikimedia
Commons，CC BY-SA 3.0 许可协议）

2. 光泽

菱锌矿具有玻璃光泽。

3. 透明度

菱锌矿呈半透明。

4. 折射率与双折射率

菱锌矿的折射率为 1.619 ～ 1.850；双折射率为 0.223 ～ 0.227。集合体不可测。

5. 光性

菱锌矿单晶体为一轴晶，负光性；集合体为非均质集合体。

6. 吸收光谱

菱锌矿无特征吸收光谱。

7. 紫外荧光

菱锌矿在紫外灯下可见浅绿色或浅蓝色荧光。

（七）力学性质

1. 摩氏硬度

菱锌矿的摩氏硬度为 4 ～ 5。

2. 密度

菱锌矿的密度为 4.30（+0.15）克 / 厘米 ^{3}。

3. 解理

菱锌矿具三组菱面体完全解理，集合体通常不可见。

（八）其他

菱锌矿具碳酸盐特性，与盐酸反应起泡。

二、菱锌矿的产地与成因

菱锌矿分布广泛，世界著名的产地有意大利撒丁岛（Sardinia）、墨西哥、希腊拉夫里翁（Laurium）、波兰、比利时、赞比亚、南非、美国的科罗拉多州和犹他州等。我国的主要产地有广西融县、云南兰坪、陕西、湖南等。

菱锌矿具有菱锌矿—菱锰矿和菱锌矿—菱铁矿两种不完全固溶体系列：Mn^{2+}以类质同象方式替换Zn^{2+}形成菱锰矿；Fe^{2+}以类质同象方式替换Zn^{2+}形成菱铁矿。

菱锌矿是一种次生矿物，主要分布在矿脉围岩为碳酸盐的区域，由闪锌矿氧化形成，常见于铅锌矿床的风化或氧化带，产于矿床洞穴和裂隙中（图13-76），呈皮壳状、葡萄状、钟乳状或致密块状。菱锌矿通常与异极矿、硅锌矿、水锌矿、白铅矿、孔雀石、蓝铜矿、绿铜锌矿和铅矾共生，与针铁矿伴生；与褐铁矿（针铁矿）可形成胶状同心环带（图13-77）。

图13-76 产出于围岩空洞的菱锌矿
（图片来源：Rob Lavinsky, iRocks.com, Wikimedia Commons, CC BY-SA 3.0许可协议）

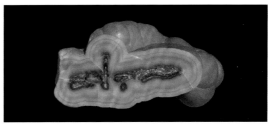

图13-77 菱锌矿与褐铁矿（针铁矿）形成的胶状同心环带
（图片来源：Wikimedia Commons, CC BY-SA 3.0许可协议）

第八节

红宝石与黝帘石——"红绿宝"

由红色刚玉和绿色黝帘石为主要组成矿物的"红绿宝"（Anyolite）是将鲜艳的"红"与"绿"集于一身的一种天然玉石，于1954年首次被发现，目前仅产出于南非坦桑尼亚隆吉多（Longido）地区。红绿宝的英文名称为 Anyolite 或 Tanganyika Artstone，Anyolite 来源于马赛语 Anyole（意为"绿色"），指拥有明亮绿色的黝帘石；Tanganyika Artstone 译为"坦噶尼喀艺术石"（Tanganyika 曾是英国在坦桑尼亚的殖民地）。在中国，红绿宝有"二色宝""鸳鸯宝""多色宝"等别名。红绿宝凭借其鲜明的对比色，呈现极强的色彩张力和别样的美感，常被用作珠宝饰品和观赏石，是珠宝市场中新兴宝玉石之一（图 13-78、图 13-79）。

图 13-78　红绿宝荔枝摆件

（图片来源：国家岩矿化石标本资源共享平台，

www.nimrf.net.cn）

图 13-79　红绿宝玫瑰花摆件

（图片来源：国家岩矿化石标本资源共享平台，

www.nimrf.net.cn）

一、红绿宝的宝石学特征

（一）矿物组成

红绿宝的矿物成分较复杂，主要组成矿物为红色刚玉和绿色黝帘石。此外，也含有暗绿—黑色的韭闪石、钠镁闪石、铬尖晶石、绿辉石和少量浅色的镁铝榴石、斜长石及方解石等。

（二）化学成分

红色刚玉的晶体化学式为 Al_2O_3，可含有铬（Cr）、铁（Fe）、钛（Ti）、锰（Mn）、钒（V）等元素；黝帘石的晶体化学式为 $Ca_2Al_3(Si_2O_7)(SiO_4)O(OH)$，可含铬（Cr）、

铁（Fe）等元素。铬元素的存在是刚玉呈现粉色至红色、黝帘石呈现绿色的原因。

（三）晶系及结晶习性

刚玉为中级晶族，三方晶系，红色刚玉多呈短柱状、板柱状斑晶（图13-80）或不规则的粒状集合体，粒度大小不一，结晶较好的可见较为完整的桶状晶形及六边形截面（图13-81）；黝帘石为低级晶族，斜方晶系。

（四）结构构造

红绿宝具有似斑状—粒状结构，常见红色刚玉斑晶分布于绿色黝帘石基质中，黝帘石基质为中—细粒结构；整体呈块状构造。

图 13-80　红绿宝中的板柱状红色刚玉斑晶
（图片来源：Hannes Grobe, Wikimedia Commons, CC BY-SA 2.5 许可协议）

图 13-81　红绿宝中截面呈六边形的板柱状红色刚玉
（图片来源：Rob Lavinsky, iRocks.com, Wikimedia Commons, CC BY-SA 3.0 许可协议）

（五）光学性质

1. 颜色

红绿宝中红色（刚玉）和翠绿色（黝帘石）共存（图13-82），可见暗绿色、灰黑色杂质。

2. 光泽

红绿宝具有玻璃光泽。

3. 透明度

红绿宝呈微透明至不透明。

图 13-82　红绿宝手串
（图片来源：祝娟提供）

4. 折射率与双折射率

红绿宝的折射率为1.69～1.76（点测）；集合体双折射率不可测。折射率取决于测试部位：刚玉的折射率为1.76（点测）；黝帘石的折射率为1.69～1.70（点测）。

5. 吸收光谱

红绿宝通常由于铁含量较高，红色刚玉和绿色黝帘石在分光镜下不可见特征的铬吸收光谱，而呈现 445 纳米的铁吸收带。

6. 紫外荧光

红色刚玉在紫外灯下可见弱至强红色荧光，长波强于短波，若红色刚玉铁含量较高时，则无荧光；绿色黝帘石无荧光。

7. 查尔斯滤色镜

绿色黝帘石部分在滤色镜下呈红色。

（六）力学性质

1. 摩氏硬度

红色刚玉的摩氏硬度为 9，绿色黝帘石为 6.5 ~ 7。

2. 密度

红绿宝的密度介于刚玉和黝帘石的密度之间，为 3.35 ~ 4.00 克 / 厘米^3。

3. 断口

红绿宝断口呈参差状。

（七）包裹体

黝帘石基质中常见暗绿色至灰黑色的粒状不透明包裹体，呈半定向条带状或分散的颗粒状分布，矿物包体常为墨绿色—黑色韭闪石、黑绿色镁钠闪石、黑色铬铁尖晶石和具有完全解理的铬云母等。

二、红绿宝的产地与成因

目前为止，红绿宝的产地仅有非洲坦桑尼亚的隆吉多地区，如洛索戈诺伊（Lossogonoi）矿和阿鲁沙（Mundarara）矿。在美国卡罗来纳州北部地区发现的一种红色刚玉 – 绿色角闪石玉，与其颜色相似，但矿物成分不同。

红绿宝矿属于变质矿床，是一种含刚玉斑晶的镁铁质麻粒岩。红绿宝矿与超基性 – 镁铁质岩脉有密切联系，或呈层状侵入体赋存其中，或为其蛇绿岩化的残留物。红色刚玉形成于麻粒岩相条件下，由富含斜长石的岩石经脱硅作用形成，具有典型的晶体形态。与其他地质成因的刚玉相比，变质成因的刚玉富含铬、铁元素，在大多数矿床中，与黝帘石、韭闪石、铬尖晶石、钙长石等共生，铝元素含量相对较高，矿床中的铝和铬元素的富集为红色刚玉的形成提供了良好的条件。

第九节

符山石

符山石（Vesuvianite）是一种比较常见的硅酸盐矿物，在国内市场大多以矿物晶体标本和多晶质集合体的形式出现，被国内外很多矿物晶体收藏家和博物馆所收藏。此外，绿至黄绿色的致密块状符山石集合体——符山石玉，俗称"加州玉"（California jade），光泽强、透明度高的优质品可与绿色翡翠相媲美。

一、符山石的历史与文化

符山石最早在 1795 年发现于意大利的维苏威火山，发现者德国宝石学家维尔纳（Abraham Gottlob Werner，1749—1817 年）以发现地的名称将这些赋存于结晶石灰岩与火成岩的接触变质带的棕色晶体命名为 Vesuvianite。矿物学家阿雨（Hauy，1743—1822 年）于 1796 年将其命名为 Idocrase，源于希腊语的 Eidos 和 Krasis，有"形态多样"之意，意指符山石矿物可以呈现多种多样的晶体形态。Vesuvianite 与 Idocrase 二者作为符山石的矿物学名称，一直沿用至今。

二、符山石的宝石学特征

（一）矿物名称

符山石的主要组成矿物为符山石（Vesuvianite 或 Idocrase）。

（二）化学成分

符山石的晶体化学式为 $Ca_{10}Mg_2Al_4(SiO_4)_5(Si_2O_7)_2(OH)_4$，是一种岛状硅酸盐矿物。矿物成分中的钙（Ca）常被钠（Na）、钾（K）、锰（Mn）、铈（Ce）、铀（U）等类质同象替代，镁（Mg）也可被铍（Be）、铬（Cr）、铁（Fe）、铜（Cu）、锌（Zn）等类质同象替代，形成多个变种，如铍符山石、铬符山石、青符山石（Cyprine）（含铜）等。

（三）晶系及结晶习性

符山石属中级晶族，四方晶系。符山石的单晶体常呈四方柱和四方双锥聚形（图13-83），柱面具有晶面纵纹。符山石除单晶体外，还常呈多晶质集合体产出。

（四）结构构造

符山石集合体常呈柱状、纤维状、放射状和细粒状结构，致密块状构造。

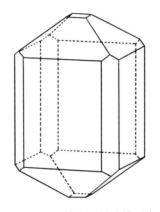

图13-83　符山石的晶体形态

（五）光学性质

1. 颜色

符山石通常呈褐色（图13-84）、黄褐色、灰色、绿色（图13-85）和黄绿色（图13-86、图13-87）。颜色与微量元素的含量及价态有关，当 Fe^{3+} 较 Fe^{2+} 相对增加时，

图13-84　产自中国河北的褐色符山石晶体
（图片来源：国家岩矿化石标本资源共享平台，
www.nimrf.net.cn）

图13-85　产自美国加利福尼亚州的
绿色符山石集合体
（图片来源：Christopher O'Neill, www.mindat.org）

颜色由浅绿色变为褐色；含铬时，呈绿色；含铜时，呈蓝（图 13-88）至绿蓝色；含钛、锰时，呈褐色或粉色（图 13-89）。

图 13-86　产自意大利的黄
绿色符山石晶体
（图片来源：Chinellato Matteo,
www.mindat.org）

图 13-87　黄绿色符山石戒面
（图片来源：王礼胜提供）

图 13-88　产自挪威的含铜蓝色青符山石
（图片来源：Ivind Thoresen，www.mindat.org）

图 13-89　含锰粉色符山石戒面
（图片来源：王礼胜提供）

2. 光泽

符山石具有玻璃光泽。

3. 透明度

符山石呈透明至半透明。

4. 折射率与双折射率

符山石的折射率为 1.713 ~ 1.718（+0.003，−0.013），点测为 1.71；双折射率为 0.001 ~ 0.012，集合体不可测。

5. 色散

符山石的色散值较低，为 0.019。

6. 光性

符山石单晶为一轴晶，负光性；多晶为非均质集合体。

7. 多色性

符山石具有无至弱的多色性，因颜色而异。

8. 吸收光谱

符山石可具有 461 纳米强吸收带、528.5 纳米弱吸收带。

9. 紫外荧光

符山石在紫外荧光下呈惰性。

10. 查尔斯滤色镜

含铬的绿色符山石晶体在查尔斯滤色镜下呈红色，含铬的符山石集合体在查尔斯滤色镜下也呈红色。

（六）力学性质

1. 摩氏硬度

符山石的摩氏硬度为 6 ～ 7。

2. 密度

符山石的密度为 3.40（+0.10，−0.15）克 / 厘米^3。

3. 解理及断口

符山石具有不完全解理；断口呈贝壳状或参差状。

（七）包裹体

常见有透辉石、石榴石、橄榄石、尖晶石、绿脆云母等矿物包裹体，气液两相包裹体以及细小针状包裹体；多晶质符山石玉常含有絮状石花，局部会出现绿色的带状或点状矿物（图 13-90）。

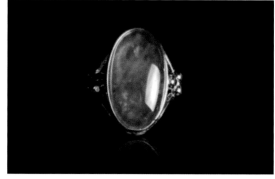

图 13-90　多晶质符山石玉（加州玉）戒指

（图片来源：希茜提供）

三、符山石的产地与成因

符山石晶体的主要产地有意大利（图 13-86）、美国、巴基斯坦、加拿大（图 13-91）等国，挪威、奥地利、瑞士和中国也有少量产出。意大利是最早发现符山石的国家，早在 1795 年就在维苏威火山寻觅到符山石晶体的踪迹。挪威发现一种极为稀有的含铜的蓝色符山石晶体，被称为"青符山石"（图 13-88）。加拿大是富含锰的玫瑰色符山石晶体的唯一产地（图 13-92）。中国河北邯郸产出的符山石晶体具有颗粒大、自形程度高、晶形完整等特点，但是多数为黄色至黄褐色（图 13-84）。

多晶质符山石玉的主要产地有美国、意大利、巴基斯坦、中国与缅甸等。因其最早发现于美国加利福尼亚州，故称其为"加州玉"。美国、缅甸及中国河南桐柏回龙地区和新疆玛纳斯地区所产出的多晶质符山石玉多呈淡绿色、黄绿色，透明度较低。产于巴基斯坦与阿富汗交界处的多晶质符山石玉品质最佳，呈翠绿色、透明度高，商贸名称为"金翠玉"（图 13-93），可与优质绿色翡翠相媲美，其产量极少。

图 13-91　产自加拿大魁北克杰弗里矿区的符山石晶体
（图片来源：Rob Lavinsky, iRocks.com, Wikimedia Commons, CC BY-SA-3.0 许可协议）

图 13-92　产自加拿大的玫瑰色符山石晶簇
（图片来源：John H. Betts, www.mindat.org）

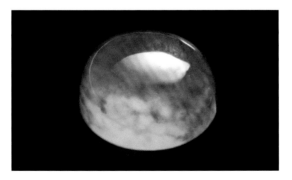

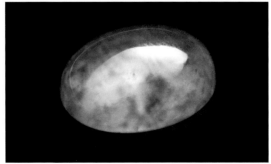

图 13-93　符山石玉（金翠玉）弧面型戒面

第十节

云母质玉

云母质玉（Mica jade）以云母族矿物为主要组成矿物，按照云母族中矿物种的不同，可分为锂云母质玉和白云母质玉，市场上常见的丁香紫玉属锂云母质玉，广绿玉属白云母质玉。云母质玉颜色明艳动人、光泽柔美，常用于制成雕件或印章，有一定的市场前景。

一、云母质玉的宝石学特征

（一）矿物组成

云母质玉的主要组成矿物为锂云母（Lepidome）或白云母（Muscovite）。

（二）化学成分

云母族的化学通式为 $X\{Y_{2-3}[Z_4O_{10}](OH)_2\}$，其中 X 主要是钾（K），可为钠（Na）、钙（Ca）、钡（Ba）、铷（Rb）、铯（Cs）；Y 主要是铝（Al）、铁（Fe）、镁（Mg），可为锂（Li）、铬（Cr）、锌（Zn）等；Z 主要是硅（Si）、铝（Al），可为铁（Fe）、铬（Cr）。锂云母的化学式为 $K\{Li_{2-x}Al_{1+x}[Al_{2x}Si_{4-2x}O_{10}]F_2\}$，其中 $x=0 \sim 0.5$。白云母的化学式为 $K\{Al_2[AlSi_3O_{10}](OH)_2\}$。

（三）晶系及结晶习性

云母质玉的主要组成矿物为云母族矿物，属低级晶族，单斜晶系；其单晶呈鳞片状，较为少见，常以多晶质集合体产出。

（四）结构构造

云母质玉具有片状或鳞片状结构（图 13-94）、鳞片变晶结构和糜棱结构，整体呈致密块状等构造。

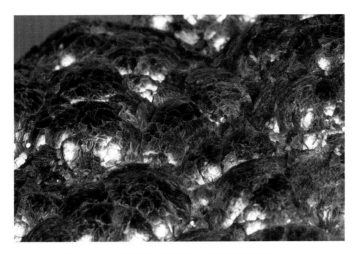

图 13-94　呈鳞片状结构的多晶质云母集合体

（图片来源：国家岩矿化石标本资源共享平台，www.nimrf.net.cn）

（五）光学性质

1. 颜色

锂云母质玉主要呈浅紫色、玫瑰色、丁香紫色，有时为白色、桃红色，其因丁香紫色而得名，俗称"丁香紫玉"。白云母质玉颜色丰富，常见白色、绿色、黄色、灰色、红色、棕褐色等。

2. 光泽

云母质玉具有玻璃光泽，解理面呈珍珠光泽。

3. 透明度

云母质玉呈透明至半透明。

4. 折射率与双折射率

锂云母质玉折射率为 1.54 ～ 1.56（点测），白云母质玉折射率为 1.55 ～ 1.61（点测）；双折射率集合体不可测。

5. 光性

云母质玉为非均质集合体。

6. 吸收光谱

云母质玉无特征吸收光谱。

7. 紫外荧光

云母质玉在紫外荧光下通常呈惰性。

8. 特殊光学效应

部分云母质玉可见猫眼效应。

233

（六）力学性质

1. 摩氏硬度

云母质玉的摩氏硬度为 2 ～ 3。

2. 密度

云母质玉的密度为 2.2 ～ 3.4 克 / 厘米 ^{3}。

3. 解理

云母矿物具 {001} 极完全解理。

二、云母质玉的优化处理及其鉴别

云母质玉的优化处理方法主要有充填处理和覆膜处理。

（一）充填处理

充填处理的云母质玉其充填部分的表面光泽、紫外荧光、内部结构等均与主体玉石有差异，放大检查有时可见气泡，发光图像分析可显示充填物分布状态，红外光谱测试可出现充填物的特征吸收峰。

（二）覆膜处理

覆膜处理的云母质玉可能会出现光泽异常、折射率异常、局部薄膜脱落等现象；红外光谱和拉曼光谱测试可见覆膜层物质的特征峰。

三、云母质玉的主要品种及特征

（一）锂云母质玉——丁香紫玉

1. 丁香紫玉的基本特征

丁香紫玉是 20 世纪 70 年代末期在中国新疆发现的一种新的玉石品种，其颜色与翡翠的紫色相近，呈暗紫—亮紫色，常见丁香紫色（图 13-95）、紫罗兰色、玫瑰色、茄紫色（图 13-96）、淡紫灰色。丁香紫玉的主要矿物为锂云母（90% 以上），其次是钠长石、石英，可含有少量锂辉石、铯榴石等，常见脉状、树枝状、松花状、浸染状的黄褐色铁锂云母包裹体。

图 13-95　丁香紫玉仕女雕件
（图片来源：国家岩矿化石标本资源共享平台，
www.nimrf.net.cn）

234

2. 丁香紫玉的产地与成因

中国新疆天山及阿尔泰山、陕西商南、云南元阳等地均有锂云母质玉的产出报道。

（1）新疆阿尔泰山矿区

中国新疆阿尔泰山矿区的宝石级锂云母，主要产于花岗伟晶岩交代作用强烈的钠－锂型伟晶岩体中，是花岗伟晶岩交代作用后期的产物，常与薄板状钠长石组成集合体，呈巢状产出，共生矿物有钠长石、石榴石、锂辉石、石英等。

新疆阿尔泰山矿区的宝石级锂云母的成矿过程可分为两个结晶期。早期锂云母为叶片状集合体，叶片一般大于1毫米，质地疏松，无法作为玉石使用，锂云母呈环状交代白云母（图13-97）和钠长石；晚期锂云母为微鳞片状集合体，呈细脉状穿插于早期锂云母、锂辉石及石英、钠长石之间，其颗粒细小、质地致密、光泽温润，可作为玉石使用。

图 13-96　茄紫色丁香紫玉原石
（图片来源：国家岩矿化石标本资源共享平台，
www.nimrf.net.cn）

图 13-97　锂云母呈环状交代白云母
（图片来源：国家岩矿化石标本资源共享平台，
www.nimrf.net.cn）

（2）新疆天山矿区

新疆天山矿区的宝石级锂云母矿体，赋存于花岗伟晶岩脉膨胀部位的石英脉中央带及锂辉石、石英－长石块体中。

（3）陕西商南矿区

陕西商南矿区的宝石级锂云母矿体，赋存于伟晶岩脉的石英锂辉石原生结构带和石英钠长石锂辉石交代体中。该矿区中，分异性良好的花岗伟晶岩侵入片麻岩中，经受后期锂的交代作用而形成锂云母。

（4）云南元阳矿区

云南元阳矿区产出的锂云母质玉实为锂云母大理岩，是锂云母伟晶岩与大理岩接触交代而形成的蚀变岩，该矿脉宽 1 ~ 3 米，长约 100 米。锂云母大理岩主要矿物组分为锂云母与方解石，锂云母含量占 5% ~ 30%。

（二）白云母质玉——广绿玉

1. 广绿玉的基本特征

广绿玉具有国内玉石中罕见的翠绿色，是图章玉石和雕刻玉石的名贵品种（图 13-98、图 13-99）。广绿玉呈现绿色、白色、黄色、黑色、褐色等多种色调，以翠绿色为主。市场上，顶级的广绿玉质地细腻、微透明，形象似"冻"，俗称"广宁冻"（图 13-100），其颜色常见褐色、绿色、黄绿色、黄色等。不透明的广绿玉通常按照颜色分类，有"绿海金星"（绿色为底色，带有少量金黄色斑晶）（图 13-100）、"黄玫瑰"（黄中带绿）（图 13-101）、"丛林积雪"（白中带绿）（图 13-102）、"秋景"（黄中带红）等，其中绿海金星是指黄铁矿微晶以斑状、浸染状、细脉状散布于锂云母基质中。

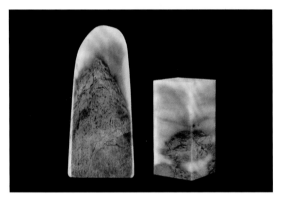

图 13-98　广绿玉印章

（图片来源：广绿玉文化服务公共平台，www.gly.org.cn）

图 13-99　广绿玉白菜摆件

（图片来源：广绿玉文化服务公共平台，www.gly.org.cn）

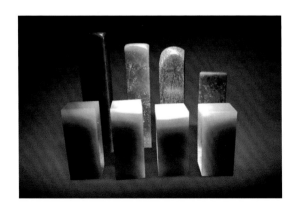

图 13-100　广绿玉印章

（前排为广宁冻，后排为绿海金星）

（图片来源：广绿玉文化服务公共平台，www.gly.org.cn）

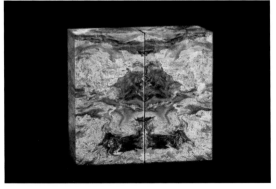

图 13-101　黄玫瑰印章

（图片来源：广绿玉文化服务公共平台，www.gly.org.cn）

广绿玉的主要组成矿物为绢云母（即结晶颗粒较细的白云母），其次是绿泥石，可含有少量的石英、水云母、褐铁矿等矿物。广绿玉常呈鳞片变晶结构和糜棱结构，表现出致密块状、细脉状、角砾状、交代残余、条带状和浸染状等多种构造特征。广绿玉的颜色与绢云母所含的微量元素有关：含有微量 Cr^{3+} 时呈现绿色；含少量 Mn^{3+} 而不含 Fe^{2+} 呈茶色；Fe^{2+} 单独存在时呈浅绿色；含有 Fe^{3+} 时呈浅黄、褐色；含 Fe^{3+} 和 Ti^{4+} 时呈红色。

图 13-102 "丛林积雪"摆件
（图片来源：广绿玉文化服务公共平台，www.gly.org.cn）

2. 广绿玉的产地与成因

我国广东广宁五指山、辽宁宽甸、湖北巴东等地区均有宝石级白云母质玉的产出报道。

广东广宁五指山白云母质玉赋存于花岗闪长斑岩或花岗斑岩的构造裂隙中，呈似脉状、透镜状、豆荚状、窝巢状产出。白云母质玉形成于岩浆活动晚期，岩浆分异来源的热液流体，沿断裂带侵入黑云母二长花岗岩围岩，与围岩发生强烈低温水岩交代反应，产生绢云岩化蚀变。白云母质玉的主要组成矿物为绢云母和绿泥石，绢云母由钾长石蚀变而成，绿泥石由黑云母蚀变而成。绢云岩化的化学反应式为

$$3KAlSi_3O_8+2H^+ == KAl_2(AlSi_3O_{10})(OH)_2+6SiO_2+2K^+$$

钾长石　　　　　　绢云母　　　　　　石英

$$K(Mg,Fe)_3AlSi_3O_{10}(OH)_2+4H^+ == Al(Mg,Fe)_3AlSi_3O_{10}(OH)_8+(Mg,Fe)^{2+}+3SiO_2+2K^+$$

黑云母　　　　　　　　绿泥石　　　　　　　　石英

玉石矿脉两侧发育有典型的围岩蚀变，并且垂直矿脉走向表现出明显分带序列：绿泥石化带—绢云母化带—绢云岩化带—硅化带，此外还有黄铁矿化、碳酸盐化、绿泥石化等蚀变现象。矿脉的膨大处常呈现从脉壁至中心的白色玉石—白红相间玉石—浅绿色玉石—深绿色玉石颜色分带。白云母质玉玉石矿床主要是经低温热液流体活动充填交代中酸性火成岩而形成的。

第十一节

绿泥石质玉——"绿龙晶"

由绿泥石矿物组成的"绿龙晶"（Seraphinite）是近年来市场上出现的一种外观与查罗石（又称"紫龙晶"）相似、具鳞片状—叶片状结构的绿泥石质玉。绿龙晶具有优雅纯正的绿色，其间含有白色矿物呈螺旋条纹状分布，形成一种非常独特美丽的图案，成为人们喜爱的一种新兴的宝玉石品种，具有潜在的市场收藏价值。

一、绿龙晶的历史与文化

绿龙晶目前仅产于俄罗斯，是俄罗斯矿物学家尼古拉·科克沙罗夫（Nikolay Koksharov）在俄罗斯贝加尔湖畔发现的。绿龙晶具有独特的结构和光泽，如同鸟儿短而丝滑的羽毛组成的丰满羽翼，因此，俄罗斯人参照《圣经》中的 seraphs 和 seraphim（六翼天使），将其命名为 Seraphinite，意为"天使之石"。由于这种绿泥石质玉与"紫龙晶"在产地、形态和结构具有相似性，商贸名称为"绿龙晶"。

一、绿龙晶的宝石学特征

（一）矿物组成

绿龙晶的主要组成矿物为叶绿泥石（Penninite），含有微量的绿柱石（Beryl）。

（二）化学成分

绿龙晶的主要组成矿物叶绿泥石的晶体化学式为 $(Mg, Fe, Al)_3 (OH)_6 \{ (Mg, Fe, Al)_3 (Si, Al)_4 O_{10} (OH)_2 \}$。

（三）晶系及结晶习性

绿龙晶的主要组成矿物叶绿泥石属低级晶族，单斜晶系。叶绿泥石晶体呈假六方板状或腰鼓状，常依（001）形成接触双晶，通常呈叶片状集合体。

（四）结构构造

绿龙晶为晶质集合体，叶绿泥石结晶良好，在不同方向呈束状相互交叠排列，呈现鳞片状—叶片状结构（图13-103、图13-104），整体呈致密块状构造。

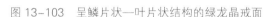

图13-103　呈鳞片状—叶片状结构的绿龙晶戒面　　图13-104　呈鳞片状—叶片状结构的绿龙晶手串

（图片来源：烨薰提供）

（五）光学性质

1. 颜色

绿龙晶呈绿色至灰绿色，少量白色色斑，因叶绿泥石矿物中含 Fe^{2+} 而呈绿色。

2. 光泽

绿龙晶具有玻璃光泽，有时呈丝绢状光泽。

3. 透明度

绿龙晶呈微透明至不透明。

4. 折射率与双折射率

绿龙晶的折射率约为1.57；双折射率集合体不可测。

5. 光性

绿龙晶为非均质集合体。

6. 吸收光谱

绿龙晶无特征吸收光谱。

7. 紫外荧光

绿龙晶在紫外灯下通常呈惰性。

（六）力学性质

1. 摩氏硬度

绿龙晶的摩氏硬度为 2 ~ 3。

2. 密度

绿龙晶的密度为 2.61 ~ 2.62 克 / 厘米^3。

3. 解理及断口

绿龙晶的主要组成矿物叶绿泥石具有 {001} 极完全解理，集合体解理不可见；断口呈参差状。

二、绿龙晶的优化处理及其鉴别

绿龙晶偶见染色处理，经染色后的绿龙晶放大检查可见颜色分布不均匀，多在裂隙、粒隙间和表面凹陷处富集；长、短波紫外灯下可见染料引起的特殊荧光；成分分析仪器（如 XRF 等）能检测到染料中的外来元素（如铅等）。

三、绿龙晶的产地与成因

目前，绿龙晶仅产于俄罗斯西伯利亚东部伊尔库茨克州的科尔舒诺斯库耶（Korshunovskoye）矽卡岩型铁矿床（图 13-105）。

图 13-105 产自俄罗斯科尔舒诺斯库耶矽卡岩型铁矿床的绿龙晶

（图片来源：Karel Bal，www.mindat.org）

绿泥石是中—低温变质作用和成岩成矿作用过程中常见的热液蚀变矿物之一。由于形成绿泥石的地质作用多样，各种金属离子能在绿泥石结构中发生广泛的类质同象替代，导致其化学成分变化很大，具体划分为透绿泥石、叶绿泥石、铁镁绿泥石、斜绿泥石、铁叶绿泥石、辉绿泥石、铁绿泥石、鳞绿泥石和鲕绿泥石变种。叶绿泥石产于各种低级区域变质岩石中，是绿色片岩中的特征产物，亦可由铁镁矿物经蚀变而形成，国内学者对绿龙晶矿物成分进行研究发现，绿龙晶形成于相对贫铝的环境下，推测其由铁镁矿物蚀变形成。

第十二节

大理石

大理石（Marble）颜色清新、花纹流畅自然，多用作建筑装饰材料；少数大理石颗粒细腻、结构致密，可作玉石原料进行雕刻。大理石得名于云南省大理市，该地特产的石墨大理石花纹繁复、形态精美。自汉代起，我国将白色大理石用于皇家亭台楼宇的建设之中，故又称白色大理石为"汉白玉"。

一、大理石的宝石学特征

（一）矿物组成

大理石的主要组成矿物为方解石（＞50%），可含有白云石、蛇纹石、透闪石、石墨、金云母等矿物。

（二）化学成分

大理石的主要组成矿物方解石的晶体化学式为$CaCO_3$，可含有镁（Mg）、铁（Fe）、锰（Mn）等元素，有时含锶（Sr）、锌（Zn）、钴（Co）、钡（Ba）等元素。大理石的化学成分随不同的矿物组成而有所变化。

（三）晶系及结晶习性

大理石的主要组成矿物方解石属中级晶族，三方晶系。方解石单晶常呈柱状、板状和各种状态的菱面体等，常见单形有六方柱、菱面体、平行双面及复三方偏三角面体。大理石为多晶质集合体。

（四）结构构造

大理石常呈粒状、纤维状结构，条带状、层状、致密块状等构造。

（五）光学性质

1. 颜色

大理石通常呈白色、灰色、青灰色、黄褐色（图 13-106）、紫褐色、黑色等。大理石或为纯色，或由多种颜色形成条带状或不规则状纹理（图 13-107）。有颜色的矿物组分（如蛇纹石、金云母）和方解石（白云石）矿物中的微量元素（如铁、锰）是大理石颜色的主要成因。

图 13-106　黄色大理石骆驼摆件

（图片来源：国家岩矿化石标本资源共享平台，
www.nimrf.net.cn）

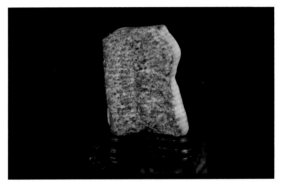

图 13-107　大理石"肉"摆件

（图片来源：国家岩矿化石标本资源共享平台，
www.nimrf.net.cn）

2. 光泽

大理石具有玻璃光泽，有些呈油脂光泽。

3. 折射率与双折射率

大理石的折射率为 1.486 ~ 1.658；双折射率集合体不可测。

4. 光性

大理石为非均质集合体。

5. 吸收光谱

大理石无特征吸收光谱。

6. 紫外荧光

大理石在紫外灯下的反应因颜色或成因而异。

（六）力学性质

1. 摩氏硬度

大理石的摩氏硬度为3。

2. 密度

大理石的密度为2.70（±0.05）克/厘米^3。

3. 解理

大理石的主要组成矿物方解石具有三组完全解理；集合体放大检查可见解理面闪光。

（七）其他

大理石遇盐酸反应起泡。

二、大理石的主要品种及特征

玉石市场上常见的大理石品种有阿富汗玉、金田黄、汉白玉、百鹤玉、云石等。

（一）阿富汗玉

阿富汗玉因产于阿富汗而得名，颜色呈均匀的纯白—乳白色（图13-108），或浅苹果绿与米色—黄褐色呈条纹状交替出现（图13-109），主要组成矿物为方解石，含有少量菱锰矿、菱镁矿等。阿富汗玉质地致密细腻，半透明，断口呈油脂光泽，可用来雕刻素雅美观的工艺品。

图13-108 阿富汗玉手镯

图13-109 具条带状构造的阿富汗玉

（图片来源：国家岩矿化石标本资源共享平台，

www.nimrf.net.cn）

243

（二）金田黄

金田黄，因其外观近似田黄而得名。其主要组成矿物为含有锰、镁元素较多的方解石。金田黄的常见颜色有蜜糖黄色、橘黄色、橘红色，可带有白色表皮或纹理，与其共生矿体有关。金田黄质地细腻、光泽柔和、硬度适中，常用于雕刻印章、摆件、手把件等（图13-110、图13-111）。金田黄产于印度尼西亚爪哇岛一带。

图 13-110　金田黄貔貅印章

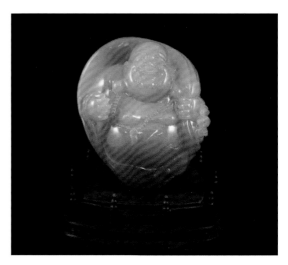

图 13-111　金田黄弥勒佛摆件
（图片来源：月石坊提供）

（三）汉白玉

汉白玉呈白色，主要矿物组分为方解石，其质地细腻均匀、透光性好。自汉代以来就是优良的玉雕材料（图13-112 ～图13-114）和高级的建筑装饰材料（图13-115）。

图 13-112　汉白玉卧犬雕件（元代）
（图片来源：摄于首都博物馆）

图 13-113　汉白玉踏祥云马雕件（元代）
（图片来源：摄于首都博物馆）

图 13-114　汉白玉碗

（图片来源：摄于首都博物馆）

图 13-115　汉白玉石狮子雕塑

（图片来源：李云龙提供）

（四）百鹤玉

百鹤玉是含海百合茎化石的石灰岩质玉石，主要生物结构有海百合茎、珊瑚等古生物化石，矿物成分主要有方解石、石英、长石等，因最初发现于湖北鹤峰而得名，又名"五花石"，海百合化石产于距今 4.36 亿年前的浅海环境沉积生物灰岩中。百鹤玉常见颜色有白色、红色、褐色等，纹理清晰别致，再现了浅海相生物自然生态之美（图 13-116）。

（五）云石

云石是广东"四大名石"之一，主要组成矿物为方解石（占 90% 以上），含少量金云母。常见颜色有白色、灰色、黄色、褐色、黑色，多种颜色呈纹理状分布，形态变幻万千。云石主要作名贵摆设品，常加工成平面观赏摆件（图 13-117），产地为广东省云浮市。

图 13-116　百鹤玉玉牌

（图片来源：陈东冉）

图 13-117　云石摆件

三、大理石的产地与成因

中国大理石的产地较多、产量丰富。常见的产地有云南大理、北京房山大石窝、安徽宿松大新屋、黑龙江铁力、山西六棱石、河南淅川县与卢氏县、河北曲阳等。

大理石是石灰岩、白云岩等碳酸盐岩经区域变质作用或热接触变质作用而形成的结构致密、均匀的玉石，沉积原岩石灰岩或白云岩经过变质重结晶作用，使其碳酸盐矿物成分和结构发生重组，形成各种美丽的自然花纹图案。

第十三节

赤铁矿

赤铁矿（Hematite）由赤铁矿单晶体或隐晶质集合体组成，其典雅端庄的黑色与清冷锐利的光泽相辅相成，呈现出独特的艺术气息，具有极强的装饰作用，曾在 20 世纪 90 年代流行于饰品行业。赤铁矿拥有良好的耐久性和丰富的资源，至今仍被首饰设计师用来创作独树一帜的珠宝饰品，也常用于矿物晶体观赏石。

一、赤铁矿的宝石学特征

（一）矿物组成

赤铁矿的主要组成矿物为赤铁矿（Hematite）。

（二）化学成分

赤铁矿的晶体化学式为 Fe_2O_3。

（三）晶系及结晶习性

赤铁矿属中级晶族，三方晶系，赤铁矿单晶常呈板状，主要由板面（平行双面）与菱面体等所组成的聚形（图 13-118），完好晶体少见，常呈集合体形式产出。

（四）结构构造

赤铁矿集合体形态多样：显晶质常呈片状（具金属光泽的片状集合体为镜铁矿）、鳞片状、晶簇状（图 13-119）或致密块状；隐晶质的常呈鲕状（图 13-120）、肾状（图 13-121）、粉末状和土状等。

图 13-118　赤铁矿晶体

（图片来源：Rob Lavinsky，iRocks.com，Wikimedia
Commons，CC BY-SA 3.0 许可协议）

图 13-119　赤铁矿晶簇

（图片来源：Rob Lavinsky，iRocks.com，Wikimedia
Commons，CC BY-SA 3.0 许可协议）

图 13-120　鲕状赤铁矿

（图片来源：国家岩矿化石标本资源共享平台，
www.nimrf.net.cn）

图 13-121　肾状赤铁矿

（图片来源：国家岩矿化石标本资源共享平台，
www.nimrf.net.cn）

（五）光学性质

1. 颜色

显晶质的赤铁矿呈铁黑至钢灰色，隐晶质的鲕状、肾状和粉末状者呈暗红色或红褐色。

2. 光泽

赤铁矿具有金属光泽至半金属光泽，或土状光泽。

3. 透明度

赤铁矿不透明，只有细薄片或晶体碎片边缘透光。

4. 折射率与双折射率

赤铁矿的折射率为 2.940 ～ 3.220（-0.070）；双折射率集合体不可测。

5. 光性

赤铁矿单晶体为一轴晶，负光性；集合体为非均质集合体。

6. 吸收光谱

赤铁矿的吸收光谱不特征。

7. 紫外荧光

赤铁矿在紫外灯下呈惰性。

（六）力学性质

1. 摩氏硬度

赤铁矿的摩氏硬度为 5 ～ 6。

2. 密度

赤铁矿的密度为 5.20（+0.08，-0.25）克 / 厘米 ^{3}。

3. 解理与断口

赤铁矿无解理，断口呈锯齿状，断口处光泽较弱。

4. 韧性

赤铁矿性韧。

（七）其他

赤铁矿的条痕及断口表面通常呈红褐色。

二、赤铁矿的相似品及其鉴别

"黑胆石"是一种近年来市场上常见的赤铁矿仿制品，又称"人造磁性铁酸锶"，化学成分为 $SrO \cdot 6Fe_2O_3$。黑胆石的颜色光泽等外观特征与赤铁矿极为相似，其鉴定特征主要有强磁性、密度为 5.61 克 / 厘米 ^{3}、条痕为黑色及具有脆性。

三、赤铁矿的质量评价

赤铁矿的颗粒越均匀、结构越致密，使其光泽越强、耐久度越好，则价值越高。赤铁矿晶体是有特色的观赏石，价值高于集合体。

四、赤铁矿的产地与成因

赤铁矿的主要产地有美国、英国、挪威、巴西、瑞典、意大利厄尔巴岛、德国、新西兰、中国等。赤铁矿为氧化条件下形成的矿物，广泛分布于各种成因类型的矿床和岩石中，规模巨大的赤铁矿矿床多与沉积作用和热液作用有关。

中国安徽、江苏、福建、吉林等地的赤铁矿矿床与热液作用相关，内蒙古的铁矿床属与稀土有关的热液矿床。而河北宣龙式、南方宁乡式的赤铁矿属于浅海沉积型矿床，矿石具有鲕状、豆状和肾状等胶态特征，鲕粒为具有同心层状结构的结核体。辽宁、江西等的铁矿床为沉积变质型。

五、赤铁矿的加工与市场

在众多宝玉石中，赤铁矿具有独特的黑色和金属光泽，曾在 20 世纪 90 年代受到人们的追捧。赤铁矿集合体常被加工成各式珠串、戒面或独特的艺术品，商贸俗称"乌钢石"（图 13-122、图 13-123）。近年来市场上常见有赤铁矿作为矿物晶体观赏石收藏品。

图 13-122　乌钢石戒面
（图片来源：烨薰提供）

图 13-123　乌钢石手串

参考文献

［1］阿合买提江·艾海提. 青金石古今中外名称考［C］// 中国民族古文字研究会，兰州大学敦煌学研究所，敦煌研究院. 丝绸之路民族古文字与文化学术讨论会会议论文集. 2005：149-156.

［2］白峰，罗飞，杨丽，等. 一种新兴宝玉石材料——苏纪石的宝石矿物学研究［J］. 中国非金属矿工业导刊，2007（3）：66，71-73.

［3］曹俊臣，阚学敏，温桂兰，等. 岫玉的穆斯鲍尔谱、电子顺磁共振谱和红外光谱特征［J］. 矿物学报，1994（3）：292-297.

［4］曹正民，朱红. 一种巨晶符山石的矿物学研究［J］. 岩石矿物学杂志，2000（1）：69-77.

［5］柴建平，姜宏远，吕秀莲. 绿泥石玉的宝石矿物学特征［J］. 西部资源，2012（1）：123-125.

［6］常洪述，吕士英，陈平. 宝玉石矿床地质［M］. 北京：中国大地出版社，2009.

［7］陈鸣鹤. 俄罗斯查罗石玉的宝石矿物学研究［D］. 北京：中国地质大学（北京），2006.

［8］陈全莉，亓利剑，袁心强，等. 具磷灰石假象绿松石的热性能［J］. 地球科学（中国地质大学学报），2008（3）：416-422.

［9］陈全莉，王谦翔，金文靖，等. 俄罗斯"绿龙晶"的成分和结构特征研究［J］. 光谱学与光谱分析，2017（7）：2225-2229.

［10］陈姚朵，赵鹏大，毛恒年. 新经济常态下湖北竹山县绿松石产业转型升级研究［J］. 宝石和宝石学杂志，2016（3）：37-43.

［11］陈英丽，赵爱林，殷晓，等. 辽宁宽甸绿色云母玉的宝石学特征及颜色成因探讨［J］. 宝石和宝石学杂志，2012，14（1）：46-50.

［12］陈英丽，钟辉. 黝帘石质玉的宝石学特征［J］. 岩矿测试，2007，26（6）：465-468.

［13］陈永洁. 欧泊收藏与鉴赏［M］. 上海：上海交通大学出版社，2012.

［14］陈征，李志刚，曹姝旻. 天然玻璃与玻璃的鉴别［J］. 宝石和宝石学杂志，2007，9（1）：41-42.

［15］程军. 蓝田玉的古文献记载之研究［J］. 文献，2001（1）：262-268.

［16］代会茹. 苏纪石玉的矿物组成及颜色成因研究［D］. 北京：中国地质大学（北京），2014.

［17］邓常劼，杨丽. "红绿宝"的多种矿物组合特征［J］. 宝石和宝石学杂志，2012（3）：29-33.

［18］邓谦，张勇. 捷克玻璃陨石及其仿制品的实验室鉴定［J］. 珠宝与科技，2013：64-68.

［19］邓燕华，缪秉魁. 河南南阳独山玉矿的成因及成岩成玉模式［J］. 桂林冶金地质学院学报，1991（S1）：8-16.

［20］丁文君，安泽，陈晓洁，等. 北京昌平地区京粉翠的宝石学特征及其致色原因［J］. 北京工业职业技术学院学报，2013（4）：11-15.

［21］段体玉，王春生. 浅谈观赏石的分类及其价值评估［J］. 宝石和宝石学杂志，2007（4）：48-51.

［22］范陆薇，杨明星，周泳. 绿松石的品质分级及定量评估［J］. 西北地质，2005（4）：19-24.

［23］付芳芳，刘俊伯，李冬，等. 异极矿的矿物学研究［J］. 世界有色金属，2016（16）：102-103.

［24］付会芹. 京粉翠［J］. 北京地质，1994（3）：24-26.

［25］郭清宏，周永章，曹姝旻，等. "广东绿"玉石的成矿地质特征与矿床成因初步研究［J］. 地质找矿论丛，2008，23（4）：314-319.

［26］国家市场监督管理总局，中国国家标准化管理委员会. 绿松石分级：GB/T 36169—2018［S］. 2018.

［27］国家珠宝玉石质量监督检验中心. 珠宝玉石鉴定：GB/T 16553—2017［S］. 2017.

［28］韩冰，杨桂群，王磊，等. 广绿玉的矿物化学特征及致色机理研究［J］. 岩石矿物学杂志，2016（Z1）：38-50.

［29］韩同文，于洪亮，王家昌. 黑龙江铁力汉白玉矿地质特征与品质评述［J］. 中国非金属矿工业导刊，2015（3）：42-44.

［30］何明跃，王春利. 翡翠［M］. 北京：中国科学技术出版社，2018.

［31］何明跃，王春利. 红宝石　蓝宝石［M］. 北京：中国科学技术出版社，2016.

［32］何明跃，王春利. 祖母绿　海蓝宝石　绿柱石族其他宝石［M］. 北京：中国科学技术出版社，2020.

［33］何明跃，王春利. 钻石［M］. 北京：中国科学技术出版社，2016.

［34］胡承诚. 铜菉山孔雀石及其工艺性能［J］. 中国宝玉石，2000（3）：36-37.

［35］黄典豪. 云南乐红铅锌矿床氧化带中异极矿的矿物学特征及意义［J］. 岩石矿物学杂志，2000（4）：349-354.

［36］黄宣镇. 中国蛇纹石玉矿床［J］. 中国非金属矿工业导刊，2005（3）：55-57.

［37］黄正宏. 蓝田玉初考［J］. 西北地质，1984（4）：65-66.

［38］江富建，白景锋. 独玉的成矿大地构造背景分析［J］. 南阳师范学院学报（自然科学版），2003（3）：68-71.

［39］江富建. 南阳玉文化的历史渊源与地位［J］. 南都学坛，2004（3）：118-120.

［40］江富建. 淅川县大理石资源概述［J］. 南都学坛（南阳师专学报），1989（1）：5-10.

［41］金奎喜. 吉尔森合成（仿制）宝石的特征及鉴别［J］. 浙江冶金，1996（2）：37-41.

［42］李春来. 玻璃陨石的成因争论及可能的彗星撞击模型［J］. 矿物岩石地球化学通报，1997，16（3）：142-144.

［43］李大中，于士祥，王泽. 辽宁岫岩地区岫玉成矿规律探讨［J］. 地质找矿论丛，2013，28（2）：249-255.

［44］李宏博，吕林素，章西焕. 浅论欧泊的加工［J］. 地球学报，2007，28（2）：190-194.

［45］李金洪，余晓艳. 新疆某地宝石级异极矿的发现及其特征［J］. 现代地质，1998（1）：149-150.

［46］李靠社. 陕西商县蔷薇辉石玉石矿床地质、工艺性质及成因［J］. 陕西地质，1992，10（2）：23-30.

［47］李立平. 俄罗斯查罗石玉的宝石学研究［J］. 地球科学，1996（6）：57-60.

［48］李青翠，雷引玲，逯东霞. 几种常见颜色蓝田玉矿物组分研究［J］. 中国宝石，2010，19（4）：290-291.

［49］李雯雯，陈鸣鹤. 俄罗斯穆伦地区查罗石玉结构及构造特征研究［J］. 地球学报，2017（2）：229-235.

［50］李雯雯，吴瑞华，陈鸣鹤. 俄罗斯穆伦地区查罗石玉矿物学特征的研究［J］. 硅酸盐通报，2008（1）：71-76.

［51］李曦，邓谦，郑亭，等. 宝石级天然玻璃的红外光谱特征分析［C］// 国家珠宝玉石质量监督检验中心，北京珠宝研究所. 珠宝与科技——中国国际珠宝首饰学术交流会论文集. 2017：98-102.

［52］李雪丹. 解密"黄金陨石"——利比亚沙漠玻璃陨石［J］. 中国国家天文，2016（5）：34-39.

［53］梁树能，甘甫平，闫柏琨，等. 绿泥石矿物成分与光谱特征关系研究［J］. 光谱学与光谱分析，2014（7）：1763-1768.

［54］梁婷，谢星. 云南异极矿的宝石学特征［J］. 宝石和宝石学杂志，2003（4）：34-36.

［55］廖尚宜，彭明生，蒙宇飞. 紫方钠石——一种光致变色的天然矿物材料［J］. 矿物岩石，2005，25（3）：75-78.

［56］廖宗廷，赵娟，周祖翼，等. 南阳独山玉矿的成矿构造背景及成因［J］. 同济大学学报（自然科学版），2000（6）：702-706.

［57］刘昌玉. "青金之路"开拓亚洲西段古代贸易［N］. 中国社会科学报，2017-03-20（004）.

［58］刘大清. 四川宝兴县华西大理石矿床地质特征［J］. 建材地质，1993（6）：25-28.

［59］刘海梅，孙瑞皎，那宝成，等. 几种俗称为桃花玉玉石的区别和鉴定［J］. 山东国土资源，2012，28（8）：51-54.

［60］刘琰，邓军，王庆飞，等. 云南金顶异极矿晶体化学特征与颜色成因探讨［J］. 高校地质学报，2005，11（3）：433-441.

［61］刘琰，邓军，杨立强，等. 表生异极矿成因研究及其找矿意义［J］. 矿物岩石，2005，25（2）：1-6.

［62］刘彦佐. 蓝田玉蝉人佩考［J］. 文物世界，2011（2）：35-37.

［63］刘云贵，陈涛，李奇，等. 山西新发现大理岩玉的宝石矿物学特征［J］. 宝石和宝石学杂志，2011（2）：13-19.

［64］鲁力，边秋娟. 不同颜色品种独山玉的宝石矿物学特征［J］. 宝石和宝石学杂志，2004（2）：4-6.

［65］吕林素，李宏博，张汉东. 绿松石的加工技法［J］. 宝石和宝石学杂志，2007（2）：34-37.

［66］吕林素. 欧泊的宝石矿物学特征及其变彩机理探讨［D］. 武汉：中国地质大学（武汉），1996.

［67］罗文焱. 色相如天青金石［D］. 北京：中国地质大学（北京），2014.

［68］罗跃平，段体玉，王春生. "黑胆石"的初步研究［J］. 宝石和宝石学杂志，2008（4）：31-33.

［69］罗跃平，段体玉，王春生. 真假乌钢石［C］// 国家珠宝玉石质量监督检验中心，中国珠宝玉石首饰行业协会. 2009 中国珠宝首饰学术交流会. 2009.

［70］马遵青. 葡萄石特征、成因、产地与工艺类型［J］. 科技风，2017（19）：100-101.

［71］孟冬青，葛长峰，李怀永. 北京房山大石窝地区汉白玉特征及成因探讨［J］. 中国非金属矿工业导刊，2017（4）：33-37.

［72］孟宪松. 艳丽的孔雀石［J］. 中国宝玉石，2010（3）：136-140.

［73］欧阳自远. 天体化学［M］. 北京：科学出版社，1988.

［74］潘兆橹. 结晶学及矿物学［M］. 北京：地质出版社，1994.

［75］彭晶晶，王铎. 符山石玉的初步研究［J］. 宝石和宝石学杂志，2010（2）：29-31，60.

［76］彭立华，秦善. 海纹石的宝玉石矿物学特征［J］. 岩石矿物学杂志，2014（A2）：55-60.

［77］秦善. 结构矿物学［M］. 北京：北京大学出版社，2011.

［78］邵友程. 传国玺与蓝田玉［J］. 地球，1999（2）：23-24，28.

［79］苏航，王小娟，陈智明，等. 滇东南都龙锡锌多金属矿床中符山石的发现与地质意义［J］. 矿物学报，2016，36（4）：529-534.

［80］孙丽华，凌爱军，于方，等. Zachery 处理绿松石的探讨［J］. 岩石矿物学杂志，2014（S2）：165-171.

［81］唐左军，胡明慧. 蓝色的针钠钙石——海纹石［J］. 中国宝石，2007（1）：157.

［82］田洪水，赵云杰. 济南药山铬质符山石的发现及初步研究［J］. 山东地质，1992（2）：115-118.

［83］佟景贵，张娜. 新型宝石品种——拉力玛（Larimar）［J］. 中国宝玉石，2010（3）：111-113.

［84］吐尔逊·艾迪力比克. 天然方钠石的近红外发光特性［J］. 红外，2013，34（3）：32-35

［85］万朴. 我国两种类型蛇纹石玉的初步研究［J］. 非金属矿，1990（1）：10-12，23.

［86］汪建明. 一种稀少的宝石：蓝色针钠钙石［J］. 地质学刊，2010（3）：295-299.

［87］汪洋，况守英，王士元，等. 苏纪石的矿物组成与鉴定特征研究［J］. 宝石和宝石学杂志，2009，11（2）：30-33，48，3.

［88］王昶，申柯娅. 青金石玉石鉴赏与质量评价［J］. 珠宝科技，1999（3）：51-52.

［89］王冬松. 唐代艺术中的青金石［J］. 艺术与设计（理论），2013（3）：141-143.

［90］王辅亚，张惠芬，冯璜，等. 广东绿玉的物质组成和谱学特征［J］. 矿物学报，1996，16（1）：77-82.

［91］王怀宇. 世界萤石（氟石）生产消费及国际贸易［J］. 中国非金属矿工业导刊，2009（6）：54-58.

［92］王建伟. 合成欧泊和仿造欧泊［J］. 国外非金属矿与宝石，1991（2）：14-16.

［93］王玲，朱德茂，孙静昱，等. 宝石级天然玻璃的鉴别特征［J］. 宝石和宝石学杂志，2015，17（3）：44-47.

［94］王濮，潘兆橹，翁玲宝. 系统矿物学［M］. 北京：地质出版社，1984.

［95］王时麒，董佩信. 岫岩玉的种类、矿床地质特征及成因［J］. 地质与资源，2011，20（5）：321-331.

［96］王时麒，闫欣，俞宁. 岫玉透明度的控制因素［J］. 宝石和宝石学杂志，2002（4）：10-14，57.

［97］王时麒，尤楠，王凤兰. 二色宝——刚玉黝帘石的研究［J］. 珠宝科技，1999，11（3）：41-43.

［98］王松，丰成友，佘宏全，等. 粤东麻坑非硫化物型锌矿锌的赋存状态及成因讨论［J］. 地质学报，2008（11）：1547-1554.

［99］王亚军，袁心强，付汗青. 新疆宝石级锂云母岩的矿物学特征研究［J］. 宝石和宝石学杂志，2014，16（4）：22-28.

［100］王永亚，干福熹. 广西陆川蛇纹石玉的岩相结构及成矿机理［J］. 岩矿测试，2012（5）：788-793.

［101］王永亚，顾冬红，干福熹. 中国蓝田玉的成分、物相及结构分析［J］. 岩石矿物学杂志，2011，30（2）：325-332.

［102］魏权凤，孔宪春，吴爱国，等. 一种色泽秀丽的绿色符山石［J］. 陕西地质，1999（2）：86-89.

［103］吴自强. 中国萤石矿床地质与勘查［M］. 北京：地质出版社，1989.

［104］肖启云. 河南南阳独山玉的宝石学及其成因研究［D］. 北京：中国地质大学（北京），2007.

［105］谢意红. 多米尼加蓝色宝石 Larimar 的宝石学研究［J］. 宝石和宝石学杂志，2010（2）：7-10.

［106］谢意红. 南非苏纪石的宝石矿物学研究［J］. 深圳职业技术学院学报，2009，8（3）：71-73.

［107］徐连生. 一带一路上的宝藏，青金石与青金石文化［J］. 中国宝石，2017（3）：158-163.

［108］徐万臣，袁枫，王兆周，等. 异极矿的宝石学特征初步研究［J］. 国土资源，2008（A1）：90-91.

［109］许嫣然. 缅甸 Tawmaw 地区的水钙铝榴石玉和符山石玉的宝石矿物学特征研究［D］. 北京：中国地质大学（北京），2014.

［110］许遵立. 浅谈主要锰碳酸盐矿物相沉积特征及应用［J］. 地质与勘探，1980（8）：6-9.

［111］薛秦芳. 天然欧泊，合成欧泊，塑料欧泊的鉴别研究［J］. 宝石和宝石学杂志，1999，1（2）：49-52.

［112］杨春，张平，张琨. 湖北巴东绢云母玉的宝石学研究［J］. 资源环境与工程，2009（1）：74-78.

［113］杨芳，余晓艳，李耿，等. 河北阜平变色萤石的宝石学特征研究［J］. 矿产综合利用，2007（1）：26-31.

［114］杨桂群，韩冰. 广绿玉颜色成因分析［J］. 中国宝玉石，2017（3）：126-132.

［115］杨汉臣，丁广慧，杨静. 美丽的新疆丁香紫玉［J］. 中国宝玉石，2014（Z2）：182-185.

［116］杨汉臣，伊献瑞，易爽庭，等. 新疆宝石和玉石［M］. 乌鲁木齐：新疆人民出版社，2012.

［117］杨晓文，张良钜，贾宗勇. 坦桑尼亚隆吉多红刚玉矿矿物成分特征及开发前景［J］. 桂林理工大学学报，2012，32（2）：173-178.

［118］姚雪，邱明君，祖恩东. 紫色方钠石的拉曼光谱研究［J］. 陕西地质，2009，21（1）：59-61.

［119］叶德隆，邬金华，陈能松. 岩石典型结构分析［M］. 武汉：中国地质大学出版社，1995.

［120］尹继才，张英军，章西焕，等. 北京的蔷薇辉石［J］. 地球，2005（6）：589.

［121］于方，范桂珍，朱子玉，等. "绿龙晶"宝石矿物学研究［J］. 宝石和宝石学杂志，2010（1）：29-31.

［122］于俊清，苏山立. 蓝田现代所产蓝田玉的矿物特征及其社会经济意义［J］. 西北地质，2000（1）：38-41.

［123］余晓艳，柯捷，雷引玲. 符山石玉的宝石学特征研究［J］. 宝石和宝石学杂志，2005（2）：14-17.

［124］余晓艳. 有色宝石学［M］. 北京：地质出版社，2016.

［125］郁益，曾凡龙，王铎，等. "紫龙晶"与"绿龙晶"的宝石学特征［J］. 宝石和宝石学杂志，2009（2）：49-50，57，3.

［126］袁宝印. 海南岛雷公墨（玻璃陨石）起源问题的初步探讨［J］. 地质科学，1981（4）：330-336.

［127］岳紫龙. 独山玉在中华玉文化中的地位与作用［J］. 南阳理工学院学报，2010（1）：37-39.

［128］翟裕生. 矿床学（第三版）［M］. 北京：地质出版社，2011.

［129］张蓓莉，陈华，孙凤民，等. 珠宝首饰评估［M］. 北京：地质出版社，2001.

［130］张蓓莉. 系统宝石学（第二版）［M］. 北京：地质出版社，2010.

［131］张汉东. 绿松石古老宝石收藏新宠［J］. 中国宝石，2014（3）：80-83.

［132］张建洪，李朝晖，汪雪芳. 南阳独山玉的矿物学研究［J］. 岩石矿物学杂志，1989（1）：53-64，95.

［133］张娟霞，罗保平. 蓝田玉石矿地质特征及成因初探［J］. 陕西地质，2002，20（2）：75-80.

［134］张如柏，张永佑. 川绿玉——一种新的玉石类型［J］. 矿物岩石，1991（1）：44.

［135］赵慧博. 良渚文化古玉与仿古鉴别特征研究［D］. 北京：中国地质大学（北京），2011.

［136］赵娟. 硅孔雀石的合成及其生成热的研究［D］. 长沙：中南大学，2013.

［137］赵蔓曲，蓝延，于娜，等. 俄罗斯绿泥石玉的矿物学特征研究［J］. 宝石和宝石学杂志，2006（2）：14-16.

［138］赵志强，刘勤安，李春林，等. 独山玉矿地质特征及找矿方向［J］. 化工矿产地质，2010（1）：44-50.

［139］郑晨，尹作为，殷科，等. "海纹石"的矿物学及谱学特征研究［J］. 光谱学与光谱分析，2013（7）：1977-1981.

［140］郑秋菊，廖任庆，刘志强，等. "金鳞石"（锂云母玉）的宝石学特征［J］. 宝石和宝石学杂志，2016（6）：35-41.

［141］钟华邦. 价廉物美的乌钢石项链［J］. 中国宝玉石，1998（4）：57.

［142］钟华邦. 奇丽的孔雀石［J］. 中国宝玉石，1998（3）：40.

［143］邹松梅，邵晓旭，颜明，等. 江苏徐州占城地区蓝田玉的岩石学特征与成因［J］. 地质学刊，2013，37（4）：639-641.

［144］邹天人，徐珏. 天山蓝——中国天山方钠石矿床［J］. 矿床地质，1996（15）：40-41.

［145］邹妤. 陕西蓝田玉的宝石学特征研究及其社会经济价值探讨［D］. 北京：中国地质大学（北京），2006.

［146］Belsher D O. Pink octahedral fluorite from Peru［J］. Mineralogical Record, 1982（13）：29-30.

［147］Benjamin Rondeau, Emmanuel Fritsch. Play-of-Color Opal from Wegel Tena, Wollo Province, Ethiopia［J］. Gems & Gemology, 2010, 46（2）：90-105.

［148］Bhandari R, Choudhary G. Update on Mexifire Synthetic Fire Opal［J］. Gems & Gemology, 2010, 46（4）：287-290.

［149］Bob Altamura. Larimar: A Pectolite Rock & Prized Lapidary Material［J］. Nittany Mineralogical Society Bulletin, 2016：4-6.

［150］Bob Jones. Beautiful red Rhodonite［J］. Rock and Gem, 2013：20-25.

［151］Bogoch K S, Matthews A. High-pressure K-feldspar-vesuvianite bearing assemblage in the central metasedimentary belt of the Grenville Province, Saint Jovite area, Quebec［J］. Canadian Mineralogist, 1997（35）：1269-1275.

［152］Choudhary G, Bhandari R. A new type of synthetic fire opal: Mexifire［J］. Gems & Gemology, 2008, 44（3）：228-233.

［153］Crystal Vaults. Rhodochrosite［DB/OL］. https://www.crystalvaults.com/crystal-encyclopedia/Rhodochrosite.

［154］Downing P B. Opal identification and Value［M］. Baldwin Park：Gem Guides Book Company, 2003.

［155］Elizabeth Quinn. Irradiated color-change fluorite［J］. Gems & Gemology, 2002, 38（2）：186.

［156］Eric A. Fritz."Emerald"green fluorite from India［J］. Gems & Gemology, 2007, 43（1）：56-80.

［157］François Farges, Karim Benzerara, Gordon E Brown, et al. Chrysocolla Redefined as Spertiniiite［C］. 13th International Conference On X-Ray Absorption Fine Structure（XAFS13），2006.

［158］Fritsch E, McClure S F, Ostrooumov M, et al. The identification of Zachery-treated turquoise［J］. Gems & Gemology, 1999, 35（1）：4-16.

［159］Galleries. The mineral Rhodochrosite［DB/OL］. http://www.galleries.com/Rhodochrosite.

[160] GIA. An Introduction to Gem Treatments [J/OL]. https://www.gia.edu/CN/gem-treatment.

[161] Gilchrist J, Thorpe A N, Senftle F E. Infrared analysis of water in tektites and other glasses [J]. J. Geophys. Res., 1969 (74): 1475-1483.

[162] Glass B P. Introduction to Planetary Geology [M]. Cambridge: Cam-bridge University Press, 1982.

[163] Grass F, Koeberl C, Wiesinger G. Mossbauer spectroscopy as a tool for the determination of Fe^{3+}/Fe^{2+} ratios in impact glasses [J]. Meteoritics, 1983 (18): 305-306.

[164] Han W, Lu T, Chen H, et al. Coated fire opal in the Chinese market [J]. Gems & Gemology, 2014, 50 (3): 247-249.

[165] Hoisch T D. The solid solution chemistry of vesuvianite [J]. International Geology Review. Contributions to Mineralogy and Petrology, 2005 (145): 113-146.

[166] Hyrsl J. Multicolored fluorite from Brazil [J]. Gems & Gemology, 2007, 43 (3): 225-256.

[167] IGS. Rhodochrosite Value, Price, and Jewelry Information [J/OL]. https://www.gemsociety.org/article/rhodochrosite-jewelry-and-gemstone-information/.

[168] IGS. Sugilite Value, Price, and Jewelry Information [J/OL]. https://www.gemsociety.org/article/sugilite-jewelry-and-gemstone-information/.

[169] James Smithson. A Chemical Analysis of Some Calamines [J]. Philosophical Transactions of the Royal Society of London, 1803 (93): 12-28.

[170] Jesse Fisher, Fluorite from Afghanistan [J]. Gems & Gemology, 2002, 38 (1): 95.

[171] Jesse Fisher. Green fluorite from the Rogerley mine, England [J]. Gems & Gemology, 2002, 38 (1): 95-96.

[172] John I Koivula, Shane Elen. Barite Inclusions in Fluorite [J]. Gems & Gemology, 1998, 34 (4): 281-283.

[173] Kampf A R. Handbook of Mineralogy [J]. American Mineralogist, 2001 (7-8): 954.

[174] King E A, Arndt J. Water content of Russian tektites [J]. Nature, 1977 (269): 48-49.

[175] Kloprogge J T, Wood B J, Desk S. X-ray Photoelectron Spectroscopy study of so-called"Larimar", blue pectolite from the Dominican Republic [J]. Sdrp Journal Of Earth Sciences & Environmental Studies, 2016 (2): 1-5.

[176] M J Buerger. The Determination of the Crystal Structure of Pectolite, $Ca_2NaHSi_3O_9$ [J]. Zeitschrift für Kristallographie-Crystalline Materials, 1956 (108): 248-262.

[177] M J Crane, J L Sharpe, P A Williams. Formation of chrysocolla and secondary copper phosphates in the highly weathered supergene zones of some Australian deposits [J]. RECORDS-AUSTRALIAN MUSEUM, 2001, 53 (1): 49-56.

[178] Macri M, Maras A, Melis E, et al. Fluorite from Ethiopia [J]. Gems & Gemology, 2007, 43 (2): 168-169.

[179] Manutchehr-Danai, Mohsen. Dictionary of Gems and Gemology [M]. Springer, 2009.

[180] Mary L Johnson, Robert C Kammerling, Dino G DeGhionno, et al. Opal From Shewa

Province, Ethiopi [J]. Gems & Gemology, 1996, 32 (2): 112-120.

[181] Nathan D Renfro, Elise A Skalwold. Flashes and Flames in Ethiopian Opal [J]. Gems & Gemology, 2017, 53 (1): 104-105.

[182] Nathan Renfro. Fluorite Sphere with Phosphorescent Coating [J]. Gems & Gemology, 2015, 51 (2): 257-262.

[183] Nick Sturman. Color-change fluorite [J]. Gems & Gemology, 2006, 42 (2): 173-174.

[184] Oldershaw Cally. Gems of the world [M]. Austin: Firefly Books, Limited, 2009.

[185] P Vuillet. La fluorite verte de Peñas Blancas [J]. Revue de Gemmologie, 2000 (140): 21-25.

[186] Paul W Millsteed. Faceting transparent rhodonite from Broken Hill [J]. Gem and Gemology, 2006: 151-158.

[187] Ray L Frost, Yunfei Xi. Is chrysocolla (Cu, Al)$_2$H$_2$Si$_2$O$_5$ (OH)$_4$ · nH$_2$O related to spertiniite Cu (OH)$_2$?—A vibrational spectroscopic study [J]. Vibrational Spectroscopy, 2013 (64): 33-38.

[188] Renfro N, McClure S F. Dyed purple hydrophane opal [J]. Gems & Gemology, 2011, 47(4): 260-270.

[189] Robert B Cook. Rhodonite: Broken Hill, New South Wales, Australia [J]. Rocks and Minerals, 2005, 80 (4): 264-269.

[190] Schwarz D, Pardieu V, Saul J M, et al. Rubies and sapphires from Winza, central Tanzania [J]. Gems and Gemology, 2008, 44 (4): 322-347.

[191] Simonet C. A classification of gem corundum deposits aimed towards gem exploration [J]. Ore Geology Reviews, 2008, 34 (1): 127-133.

[192] Smith K L. Opals from Opal Butte, Oregon [J]. Gems & Gemology, 1988, 24 (4): 229-238.

[193] Suthiyuth R, Weeramonkhonlert V. Hydrophane OPAL Treatments [J]. Gems & Gemology, 2016, 52 (1): 72-73.

[194] Suzanne Bettonville. Rock Roles: Facts, Properties, and Lore of Gemstones [M]. lulu. com, 2013.

[195] Toshio Kato, Yasunori Miúra, Nobuhide Murakami. Crystal structure of sugilite [J]. Mineralogical Journal, 1976: 184-192.

[196] Valeria Diella, Ilaria Adamo, Rosangela Bocchio. Gem-quality rhodonite from Val Malenco (Central Alps, Italy)[J]. Periodico di Mineralogia, 2014, 83 (2): 207-221.

[197] Wasura Soonthorntantikul. Star Opal [J]. Gems & Gemology, 2014, 50 (2): 152-153.

[198] Woodruff R E, Fritsch E. Blue Pectolite from the Dominican Republic [J]. Gems & Gemology, 1989 (4): 216-225.

[199] Woodruff R E. Larimar: beautiful blue and baffling [J]. Lapidary Journal, 1986 (10): 26-32.

附 表

玉石的综合鉴定特征

玉石名称	主要组成成分	常见颜色	折射率（RI）（点测）	相对密度（d）	摩氏硬度（H_M）	结构和构造	其他特征
翡翠 Jadeite, Feicui	$NaAlSi_2O_6$	白色、无色、不同色调的绿、红、黄、紫、黑、灰色	1.66	3.25 ~ 3.40	6.5 ~ 7	纤维交织—粒状纤维结构，可见"翠性""橘皮效应"	
软玉 Nephrite	$Ca_2(Mg, Fe)_5$ $Si_8O_{22}(OH)_2$	白、青、灰、浅至深绿、黄—褐、墨色	1.60 ~ 1.61	2.95±	6 ~ 6.5	毛毡状交织结构，黑色固体包体	
玉髓（玛瑙）Chalcedony（Agate）	SiO_2	各种颜色	1.53 ~ 1.54	2.55 ~ 2.71	6.5 ~ 7	隐晶质结构，玛瑙具同心层状或条带状构造	铬绿玉髓在查尔斯滤色镜下呈红色
石英岩玉 Quartzite jade	SiO_2	白、绿、灰、黄、褐、橙红、蓝色等	1.53 ~ 1.55	2.60 ~ 2.65	6.5 ~ 7	粒状结构，可含有云母或其他矿物包体	可见砂金效应

玉石名称	主要组成成分	常见颜色	折射率（RI）（点测）	相对密度（d）	摩氏硬度（H_M）	结构和构造	其他特征
绿松石 Turquoise	$CuAl_6(PO_4)_4(OH)_8·5H_2O$	浅—中等蓝、天蓝、绿蓝、绿色等，常伴有斑点，褐黑色网脉或暗色矿物杂质	1.610~1.650	2.76±	4~6，泡松为4以下	隐晶质结构，致密块状、结核状、皮壳状、葡萄状等构造	
青金石 Lapis Lazuli	$(Na,Ca)_8[AlSiO_4]_6(SO_4,Cl,S)_2$	浅蓝—深蓝、紫蓝色，可带有微绿色调	1.50	2.75±	5~6	细粒—隐晶质结构，致密块状、层状构造	所含方解石团块LW可见粉红色荧光，SW呈弱至中等的绿色或黄绿色荧光
孔雀石 Malachite	$Cu_2CO_3(OH)_2$	微蓝绿、浅绿、艳绿、孔雀绿、深绿和墨绿色等，常有杂色条纹	1.655~1.909	3.95±	3.5~4	同心层状或放射纤维状结构，呈块状、肾状、钟乳状、皮壳状、结核状等构造	具可溶性，遇盐酸反应起泡，且易溶解
欧泊 Opal	$SiO_2·nH_2O$	黑、白、灰、橙、红、蓝、绿、棕色	1.42~1.43，可低至1.37	2.15±	5~6	呈不规则片状色斑，表面呈丝绢状外观，可见两相或三相气液包体、角闪石、石墨、黄铁矿等矿物包体	可见变彩效应、猫眼效应（稀少），紫外灯下可见无至中等的白、浅蓝、绿色黄色荧光，可有磷光
菱锰矿 Rhodochrosite	$MnCO_3$	深浅不同的玫瑰红、深红色、粉红色，集合体呈红底色上可有白、灰、褐或黄色条纹	1.597~1.817	3.60±	3~5	集合体呈粒状结构，条带状、块状构造	LW可见无至粉色的中等荧光，SW可见无至红色的弱荧光
蔷薇辉石 Rhodonite	蔷薇辉石、石英及脉状、点块状、点块黑色氧化锰色斑	桃红、玫瑰红、粉红、浅红、紫红、褐红色	1.733~1.747	3.40~3.75	5.5~6.5	粒状结构，粒状或致密块状构造	

续表

玉石名称	主要组成成分	常见颜色	折射率（RI）（点测）	相对密度（d）	摩氏硬度（H_M）	结构和构造	其他特征
海纹石 Larimar	Na（Ca$_{>0.5}$ Mn$_{<0.5}$）$_2$[Si$_3$O$_8$（OH）]	天蓝—深蓝色，略带绿色色调	1.60	2.74~2.90	5~6	纤维状或针状结构，整体呈现放射状、球粒状、似葡萄状构造	LW可见中等荧光白至绿色、蓝色，黄色荧光，白色部分可见蓝色荧光，绿色者可见黄色荧光；SW可见浑油的绿色荧光，强于LW，蓝色和白色部分所呈荧光差异性更明显
蛇纹石玉 Serpentine jade	Mg$_6$[Si$_4$O$_{10}$]（OH）$_8$	浅至深的绿、黄、白、棕、黑，可见多色组合	1.560~1.570	2.57±	2.5~6	叶片状、纤维状，鳞片状变晶结构，致密块状构造，常见白色絮状物、黑色矿物包体	可见猫眼效应（稀少）
蓝田玉 Lantian jade	蛇纹石、方解石	白—灰白色，浅黄—浅绿—浅黄绿色、黄、绿、墨绿、黑色花纹	1.56~1.65	2.60~2.90，通常为2.66	3~4，蛇纹石玉部分为2.5~6	不等粒状至纤维状变晶结构，块状构造	遇盐酸起泡（有损）
独山玉 Dushan jade	斜长石（钙长石）、黝帘石	白、色、紫、黄、红色	1.56或1.70	2.70~3.09，通常为2.90	6~7	细粒结构，致密块状构造	绿色部分在查尔斯滤色镜下呈暗红色
萤石 Fluorite	CaF$_2$	无色、浅绿—深绿、蓝、蓝绿、紫、棕、黄、粉色等	1.434±	3.18±	4	单晶可见流体包体，气液两相，气液固三相包体，色带，黄铁矿、重晶石等矿物包体；集合体为粒状结构，晶簇状、条带状、块状构造	在紫外光和阴极射线下呈强荧光，可具有变色效应，变色萤石，在日光下呈灰蓝色，在白炽灯下呈红紫色
天然玻璃 Natural glass	SiO$_2$	火山玻璃呈黑（常带白色斑纹），褐—褐红黄、橙色、绿色、玻璃陨石呈黄、绿、棕色等	1.490±	2.40±	5~6	圆形和拉长气泡及流动构造，黑曜岩常见晶体，似针状包体、利比亚沙漠玻璃偶含黑色包体、白色圆形包体	

玉石名称	主要组成成分	常见颜色	折射率（RI）（点测）	相对密度（d）	摩氏硬度（H_M）	结构和构造	其他特征
葡萄石 Prehnite	$Ca_2Al(AlSi_3O_{10})(OH)_2$	带各种色调的绿色，还有白、浅黄、肉红色	1.616~1.649	2.80~2.95	6~6.5	单晶内可见角闪石、绿帘石等固态针状、片状包体，集合体呈纤维状、放射状结构，板状、片状、葡萄状、肾状、致密块状构造	
查罗石 Charoite	$(K, Na)_5(Ca, Ba, Sr)_8(Si_6O15)_2Si_4O_9(OH, F)·11H_2O$	紫红色为主，可有白、金黄、黑、褐、棕色斑点	1.550~1.559	2.68±	5~6	纤维变晶结构，放射状或帚状结构，块状构造	紫色部分在紫外灯下呈惰性，白色团块部分为碳酸盐矿物，SW可见橙红色荧光
苏纪石 Sugilite	$KNa_2Li_2Fe_2Al(Si_{12}O_{30})·H_2O$	红紫、蓝紫色，少见粉红色	1.607~1.610	2.74±	5.5~6.5	微晶、半自形粒柱状，团粒状结构，块状构造	LW可见无至中等荧光，SW可见蓝色荧光
方钠石 Sodalite	$Na_8(AlSiO_4)_6Cl_2$	蓝、深蓝、紫蓝色，常含白色条纹或斑	1.483	2.25±	5~6	集合体为粗粒结构，块状，结核状构造，常见白色或粉红色脉纹，极少见黄铁矿包体，半透明晶体可见管状气液包体	LW可见无至弱的橙红色斑块块状荧光，极少见粉红色，在滤色镜下呈红褐色
硅孔雀石 Chrysocolla	$(Cu, Al)_2H_2Si_2O_5(OH)_4·nH_2O$	绿、浅蓝绿、蓝色，含杂质时可变成褐色到黑色	1.461~1.570	2.0~2.4	2~4		
异极矿 Hemimorphite	$Zn_4[Si_2O_7](OH)_2·H_2O$	白、天蓝、蓝、蓝绿、灰、浅黄、褐、棕色等	1.614~1.636	3.40~3.50	4~5	细小纤维、粒状结构，板粒晶簇状、球状、放射状、钟乳状、肾状、皮壳状等构造	含有结晶水，当加热或受到紫外线等照射后，会失去结晶水而使颜色变浅
菱锌矿 Smithsonite	$ZnCO_3$	白、黄、灰、绿、粉、蓝、紫、红、蓝灰、棕色	1.619~1.850	4.30±	4~5	集合体呈隐晶质结构，肾状、葡萄状、钟乳状、皮壳状和土状构造	紫外灯下可见浅绿色或浅蓝色荧光

玉石名称	主要组成成分	常见颜色	折射率（RI）（点测）	相对密度（d）	摩氏硬度（H_M）	结构和构造	其他特征
红宝石与黝帘石 Anyolite	红色刚玉和绿色黝帘石	红色（刚玉）和翠绿色（黝帘石）共存，并常见暗绿、灰黑色杂质	1.69 ~ 1.76	3.35 ~ 4.00	8 ~ 9	似斑状一粒状结构，红色刚玉斑晶分布于绿色黝帘石基质中，基质呈中一细粒结构，整体呈块状构造	绿色黝帘石部分在滤色镜下呈红色
符山石 Vesuvianite	$Ca_{10}Mg_2Al_4(SiO_4)_5(Si_2O_7)_2(OH)_4$	褐、绿、黄色	1.713 ~ 1.718	3.40 ±	6 ~ 7	单晶可见透辉石、石榴石等包体，气液两相包体及细小针状包体；集合体含有絮状石花，呈细粒状结构，致密块状构造	含铬的绿色者和符山石玉在查尔斯滤色镜下也呈红色
云母质玉 Mica jade	锂云母或白云母	锂云母质玉呈浅紫、玫瑰、丁香紫色，有时为白、桃红色，白云母质玉颜色丰富，常呈白、绿、黄、灰、红、棕褐等色	锂云母质玉：1.54 ~ 1.56 白云母质玉：1.55 ~ 1.61	2.2 ~ 3.4	2 ~ 3	片状或鳞片状结构，致密块状构造	
绿泥石质玉 Seraphinite	$(Mg, FeAl)_3(OH)_6\{(Mg, Fe, Al)_3(Si, Al)_4O_{10}(OH)_2\}$	绿一灰绿色，少量白色色斑	1.572 ~ 1.685	2.60 ~ 3.02	2 ~ 4	鳞片状一叶片状结构，致密块状构造	
大理岩 Marble	主要矿物（>50%）为方解石或白云石，可含有少量蛇纹石、透闪石等	白、灰、青灰、黄褐、紫褐、黑色等	1.486 ~ 1.658	2.70 ±	3	粒状、纤维状构造，层状构造，放大检查可见解理面闪光	遇盐酸反应起泡
赤铁矿 Hematite	Fe_2O_3	深灰一黑、红褐色	2.940 ~ 3.220	5.20 ±	5 ~ 6	粒状结构，致密块状构造	条痕及断口表面通常呈红褐色

玉石名称	主要组成成分	常见颜色	折射率(RI)(点测)	相对密度(d)	摩氏硬度(H_M)	结构和构造	其他特征
菱镁矿 Magnesite	$Mg[CO_3]$	无色、白、灰、黄褐色	1.515~1.717	2.9~3.1	4.5	粒状或隐晶质结构，块状构造	隐晶质菱镁矿用于染色仿绿松石和青金石；SW呈蓝、白色荧光，淡绿色磷光
羟硅硼钙石 Howlite	$Ca_2B_5SiO_9(OH)_5$	亚白色伴黑、褐色脉纹	1.59	2.58	3.5	晶体细小，多呈瘤状块状构造	常染色以仿其他宝石
磷铝石 Variscite	$Al[PO_4]·2H_2O$	黄绿、绿、蓝绿色	1.55~1.59	2.4~2.6	5	常呈块状或结核状构造	亮绿至绿蓝色的磷铝石块体可用作雕刻或装饰材料，也可用于仿绿松石
玻璃 Glass	SiO_2	各种颜色	1.470~1.700	2.30~4.50	5~6	"双眼皮"气泡、拉长的空管、流动纹、铸模痕	可仿制具有猫眼效应、星光效应、砂金效应、变色效应、变彩效应的宝石，含稀土元素者折射率高